春花烂漫

——北京植物园春季主要观花植物

Spring in Bloom—Spring-flowering Plants in Beijing Botanical Garden

李铁成　吴　菲　赵世伟　刁秀云　编著

北京出版集团公司
北京出版社

图书在版编目（CIP）数据

春花烂漫：北京植物园春季主要观花植物／李铁成
等编著 . —北京：北京出版社，2010.3
ISBN 978－7－200－08183－1

I . ①春… II . ①李… III . ①花卉—简介—北京市
IV . ① S68

中国版本图书馆 CIP 数据核字（2010）第 036203 号

顾　问　　龙雅宜　董保华
摄　影　　崔志浩　刁秀云　吴　菲

春花烂漫——北京植物园春季主要观花植物
CHUNHUA LANMAN——BEIJING ZHIWUYUAN CHUNJI ZHUYAO GUANHUA ZHIWU

李铁成　吴　菲　赵世伟　刁秀云　编著

*

北 京 出 版 集 团 公 司　
北 京 出 版 社　出版

（北京北三环中路 6 号）

邮政编码：100120

网　　址：www . bph . com . cn

北 京 出 版 集 团 公 司 总 发 行
新 华 书 店 经 销
北京顺诚彩色印刷有限公司印刷

*

889×1194　16 开本　19.75 印张
2010 年 3 月第 1 版　2010 年 3 月第 1 次印刷
ISBN 978-7-200-08183-1
S·185　定价：186.00 元

质量监督电话：010－58572393

我国植物栽培有着悠久的历史，植物资源在国际上享有盛名，被誉为世界"园林之母"。中国约有植物 25000 余种，是世界栽培植物的起源中心之一，也是最早最大的中心。中华民族有爱花的优良传统，随着经济的发展和人民生活水平的不断提高，人们的爱花热情更是不断高涨。

人们赏花、养花、用花，就要了解花的特性、花语、含义，要从花的姿、香、色、韵 4 个方面进行欣赏。大自然创造了有形、有色、有香、有生命的花卉，而杰出的园艺学家们、能工巧匠们经过引种、驯化、杂交、选育和繁殖，使花卉品类更繁荣，形态更美丽，色彩更灿烂，香气更浓郁，风韵更神妙，形成了今天百花齐放的缤纷世界。

花是天地灵秀之所钟，美的化身。赏花，在于悦其姿色而知其神骨，如此方能遨游在每一种花的独特韵味中，而深得其中情趣。如古人所言：梅标清骨，兰挺幽芳，茶呈雅韵，李谢弄妆，杏娇疏丽，菊傲严霜，水仙冰肌玉肤，牡丹国色天香，玉树亭亭皆砌，金莲冉冉池塘，丹桂飘香月窟，芙蓉冷艳寒江。花的独特性便在这清、幽、雅、丽间，一览无余，成为赏花者美好的心灵享受。

春天是百花盛开的日子，也是北京植物园景色最美的季节，从蜡梅含苞怒放，迎春擎起金钟，到玉兰、连翘竞相开放，接着是梅花、杏花、桃花、梨花、海棠花、丁香、牡丹、芍药等百花齐放，所有的花儿像约好了似的来参加春天的聚会，带给人们无限的期待和惊喜！

北京植物园位于北京西山北段的寿安山一带，占地面积 400 公顷。1956 年经国务院批准建立国家植物园。北京植物园是一座集科学研究、科学普及、游览休憩、植物种质资源保护和新优植物开发等功能于一体的综合植物园，它主要担负着引种、搜集、保育三北地区野生植物种质资源，为城市引进新优园林植物的任务。现已搜集植物约 10000 余种（含品种）150 余万株，成为华北地区重要的植物多样性保护中心和科普教育基地。

北京植物园先后建成了牡丹园、碧桃园、丁香园、木兰园、绚秋苑、宿根花卉园、集秀园（竹园）、月季园、盆景园、芍药园、海棠枸子园、药用植物园、紫薇园、玉簪园等 14 个专类园及树木园的银杏松柏区、槭树蔷薇区、椴树杨柳区、泡桐白蜡区。1999 年建成了中国乃至亚洲最大的展览温室。2002 年可蓄水 10 万立方米的人工湖的建设竣工使植物园的景观具有了"灵魂"。

北京植物园一年四季花开不断，给北京市民带来了无限的欢乐和情趣！人们或两人成对，或三五成群，或 10 多个人组团前来，享天伦之乐、续朋友之谊，走走停停、流连忘返，陶醉在花的海洋里，在现代都市快节奏的工作之余，享受片刻世外桃源般的美境！

本书介绍了北京植物园近 300 种（含品种近 500 种）春季常见观花植物的科属、拉丁名、英文名、别名、原产地及生态习性、形态特征、观赏价值、用途、繁殖及栽培管理、在北京植物园的开花时间、所处位置（对于一些常见草本花卉，如无特殊说明，则为散布于全园）以及特殊植物的逸闻趣事、故事及花语。每种花都附了插图。附录按字母顺序排列的植物中文名列表、拉丁名列表、北京植物园最新导游图等。本书中科的排列按照克朗奎斯特系统(1981)。属、种、品种的排列按照拉丁名字母顺序。

四季划分有天文四季和气候四季两种方法。本书选择气候四季的方法来确定北京植物园的春季，即候温在 10 ~ 22℃之间的为春季，在此期间开花的主要植物均列入本书。本书与其他各类介绍植物方面的书籍不同之处在于：这是一本专门介绍北京植物园春季开花植物的书，并提供这些植物在北京植物园的开花时间、所处位置等的详细信息，这样便于游人有目的、快捷迅速地找到自己想欣赏的春季开花植物。

北京植物园地理位置、土壤及气候情况

地理位置 (Geographical Position)：

经度 (Longitude)：116°28′E

纬度 (Latitude)：40°N

海拔 (Height)：61.6～584.6m

土壤酸碱度 (pH)：7～7.5

气候情况 (Climatic Indications)(1996～2003)：

年均温度 (Annual Average Temperature)：12.8℃

年降水量 (Annual Precipitation)：526.5mm

1月均温 (January Average Temperature)：−3.3℃

7月均温 (July Average Temperature)：26.8℃

1月极端最低温度 (January Absolute Minimum Temperature)：−13.8℃

7月极端最高温度 (July Absolute Maximum Temperature)：37.7℃

相对湿度 (Relative Humidity)：61%

目录 Contents

粗榧	1	石竹	33
鹅掌楸	2	瞿麦	34
望春玉兰	3	鹅肠菜	35
玉兰	3	芍药	36
紫玉兰	5	牡丹	38
罗布木兰	5	马络葵	54
二乔玉兰	6	紫花地丁	55
武当木兰	8	角堇	56
星花玉兰	8	三色堇	57
木兰属其他植物	9	四季秋海棠	59
狭叶山胡椒	10	小叶杨	60
山胡椒	10	银芽柳	61
木姜子	11	桂竹香	62
蜡梅	12	播娘蒿	62
福寿花	13	屈曲花	63
侧金盏花	14	板蓝根	63
杂种耧斗菜	15	紫罗兰	64
大花飞燕草	16	二月兰	65
东方铁筷子	17	葶苈	65
白头翁	18	迎红杜鹃	66
花毛茛	19	红枫杜鹃	67
毛茛	20	点地梅	68
豪猪刺	21	大花溲疏	69
朝鲜小檗	21	香茶藨子	70
小檗	23	长寿花	71
阔叶十大功劳	24	唐棣	72
白屈菜	25	红果腺肋花楸	73
地丁草	26	黑果腺肋花楸	74
花菱草	26	紫果腺肋花楸	75
冰岛罂粟	27	倭海棠	75
东方罂粟	28	贴梗海棠	76
虞美人	29	木瓜	78
荷包牡丹	30	西藏木瓜	79
山白树	31	平枝栒子	79
领春木	32	水栒子	80
须苞石竹	33	绿肉山楂	81

山楂	83		绣球绣线菊	148
蛇莓	84		绒毛绣线菊	148
白鹃梅	84		粉花绣线菊	149
水杨梅	85		笑靥花	149
棣棠	86		珍珠花	150
山荆子	87		毛果绣线菊	150
垂丝海棠	87		三裂绣线菊	151
西府海棠	89		紫荆	152
苹果	94		巨紫荆	153
朝天委陵菜	95		糙叶黄芪	154
东北扁核木	96		锦鸡儿	154
杏	97		鱼鳔槐	155
欧洲甜樱桃	98		米口袋	156
紫叶李	99		羽扇豆	157
山桃	100		黄花木	157
麦李	101		刺槐	158
郁李	102		白车轴草	159
斑叶稠李	103		大花野豌豆	159
梅花	104		紫藤	160
桃花	120		翅果油树	161
樱桃	135		秋胡颓子	162
大山樱	136		古代稀	163
樱花	137		红瑞木	164
山杏	138		灯台树	165
辽梅山杏	138		四照花	166
毛樱桃	139		山茱萸	167
榆叶梅	140		丝绵木	168
紫叶稠李	141		胶州卫矛	168
紫叶矮樱	142		栓翅卫矛	169
梨	142		猫眼草	170
豆梨	143		京大戟	170
鸡麻	144		省沽油	171
黄蔷薇	144		文冠果	172
报春刺玫	145		七叶树	174
玫瑰	146		日本七叶树	175
黄刺玫	147		栓皮槭	176

细柄槭	177	迎春花	209
茶条槭	177	匈牙利丁香	210
梣叶槭	178	西蜀丁香	212
鸡爪槭	180	紫丁香	212
银后槭	180	小叶巧玲花	214
细裂槭	181	关东巧玲花	214
鞑靼槭	182	红丁香	215
元宝枫	182	欧丁香	216
黄栌	184	什锦丁香	218
枸桔	185	花叶丁香	219
榆橘	186	普港丁香	220
鼠掌老鹳草	187	川垂丁香	221
天竺葵	187	金鱼草	222
旱金莲	189	毛地黄	223
何氏凤仙	190	摩洛哥柳穿鱼	225
洋金花	191	通泉草	225
枸杞	191	猴面花	226
假酸浆	192	兰考泡桐	227
花烟草	193	钓钟柳	228
矮牵牛	194	地黄	229
打碗花	195	婆婆纳	230
南非牛舌草	196	楸树	231
斑种草	197	川滇角蒿	232
中国勿忘我	197	紫斑风铃草	233
蓝蓟	198	猬实	234
附地菜	199	葱皮忍冬	236
美女樱	200	郁香忍冬	236
活血丹	201	蓝叶忍冬	237
夏至草	201	金银木	238
荆芥	202	接骨木	239
蓝花鼠尾草	203	红蕾荚蒾	240
一串红	204	香荚蒾	241
糯米条叶	205	绵毛荚蒾	241
流苏树	206	树状荚蒾	242
雪柳	207	木本绣球	243
连翘	207	琼花	244

欧洲荚蒾	245	圆叶肿柄菊	276
蝴蝶荚蒾	246	紫露草	277
枇杷叶荚蒾	247	大花葱（'地球主人'）	279
鸡树条荚蒾	247	雪光花	280
海仙花	249	花贝母	281
锦带花	249	风信子	282
早锦带花	251	葡萄风信子	283
蓍草	252	中国水仙	284
银苞菊	253	玉竹	285
雏菊	254	郁金香	285
鬼针草	255	番红花属	291
金盏菊	255	马蔺	292
矢车菊	256	有髯鸢尾	293
花环菊	258	中文名索引（按汉语拼音顺序）	295
黄金菊	259	拉丁学名索引	298
黄晶菊	259	参考文献	302
白晶菊	260		
大蓟	261		
刺儿菜	261		
金鸡菊	262		
异果菊	263		
蓝雏菊	264		
天人菊	264		
勋章菊	265		
麦秆菊	266		
苦菜	267		
抱茎苦荬菜	267		
皇帝菊	268		
蚂蚱腿子	269		
南非万寿菊	270		
瓜叶菊	270		
蜂斗菜	271		
桃叶鸭葱	272		
万寿菊	273		
孔雀草	274		
蒲公英	275		

粗榧
Cephalotaxus sinensis

科　属	三尖杉科三尖杉属（粗榧属）
英文名	Chinese Plumyew
别　名	中华粗榧、粗榧杉、中华粗榧杉

　　我国特有树种，产于长江流域及以南地区，多生于海拔600～2200m的花岗岩、砂岩或石灰岩山地、河滩、沟谷、溪畔。阴性树，耐阴，较耐寒，北京有引种。喜生于富含有机质之壤土中。

　　形态特征　常绿灌木或小乔木，高12m。树皮灰色或灰褐色，呈薄片状脱落。叶条形，端渐尖，长3.5cm，宽约3mm，先端突尖，基部近圆形或广楔形，几无柄，上面深绿色，下面有2条白色气孔带，较绿色边带宽约3～4倍。花期3月下旬至4月，种子次年10月成熟。

　　北京植物园1973年从秦岭太白山采种、挖苗。现已栽培驯化成功，能适应植物园自然条件。粗榧树姿潇洒，四季常青，具有亚热带植物风貌。

　　用途　粗榧通常多与他树配置，作基础种植用，或植于草坪边缘大乔木之下。又宜供作切花装饰材料用。种子含油，可制肥皂、润滑油等；木材可作农具。

　　繁殖及栽培管理　用种子繁殖，也可扦插繁殖。生长缓慢，但有较强的萌芽力，耐修剪，但不耐移植。抗病虫害能力强，少有发生病虫害者。

　　粗榧栽植于植物园银杏松柏区、竹园、樱桃沟自然保护区等多处。始花期3月下旬。

雄花序

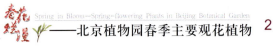

鹅掌楸
Liriodendron chinense

科　属　木兰科鹅掌楸属
英文名　Chinese Tulip Tree
别　名　马褂木、双飘树

木兰科是双子叶植物中最原始的科，其原始性状有：①木本；②花两性，萼片、花瓣不分；③雄蕊和心皮多数，离生，螺旋排列于柱状的花托上；④种子有丰富的胚乳。

鹅掌楸为我国特有珍稀植物，国家二级重点保护野生植物。

鹅掌楸原产我国长江以南各省区。喜温暖湿润和阳光充足的环境，耐寒，耐半阴，不耐干旱和水湿。在土层深厚肥沃、排水良好的酸性和微酸性土壤上生长良好。

形态特征　落叶乔木，高达40m，胸径1m以上。叶互生，长4～18cm，宽5～19cm；叶柄长4～8cm。花杯状，花被片9枚，外轮3片萼片状，绿色，内轮6片花瓣状，黄绿色，基部有黄色条纹，形似郁金香。聚合果纺锤形，由具翅小坚果组成。

鹅掌楸主干通直，树冠如盖，蔚为大观。叶形奇特，花如金盏，古雅别致。其叶形如马褂——叶片的顶部平截，犹如马褂的下摆；叶片的两侧平滑或略微弯曲，好像马褂的两腰；叶片的两侧端向外突出，仿佛是马褂伸出的两只袖子，故鹅掌楸又叫马褂木。又因其花酷似郁金香，因而鹅掌楸的英文名称是"Chinese Tulip Tree"，译成中文就是"中国的郁金香树"。入秋叶变黄，为著名的秋色叶树种。是一种非常珍贵的观赏植物，十分稀少。

用途　优良的庭荫树。丛植、列植、片植于草坪、公园入口两侧和街坊绿地均甚相宜，若以此为上木，配以常绿花木于其下，效果更好。木材淡红色，材质细致，软而轻，不易干裂或变形，可供建筑、家具用；树皮入药，祛风湿。

繁殖及栽培管理　以播种繁殖为主，扦插次之。因自然受粉不良，应进行人工授粉，发芽率较高。扦插繁殖在3月上、中旬进行，移植在落叶后早春萌芽前。

植物园多处栽有鹅掌楸，主要位于木兰小檗区北部，花期5月上旬。植物园还栽有同属植物北美鹅掌楸(*L. tulipifera*)、杂种鹅掌楸(*L. tulipifera* × *L. chinense*)等。

望春玉兰
Magnolia biondii

科　属	木兰科木兰属
英文名	Biond Magnolia
别　名	望春花、华中木兰、辛兰

产甘肃、陕西、河南、湖北等地。喜光，喜温凉湿润气候及微酸性土壤。

形态特征　落叶乔木，高达12m。叶椭圆状披针形或卵状披针形，中部宽，长10～18cm，侧脉10～15对。花被片9，外轮3片萼片状，狭小，近条形，长约为花瓣长1/4；内轮6片近匙形，白色，外面基部带紫红色；有馥郁的香气。

望春玉兰树干光滑，枝叶茂密，树形优美，花色素雅，气味浓郁芳香。春风中，朵朵摇曳似上下翻飞的蝴蝶。夏季叶大浓绿，有特殊香气。仲秋时节，长达20cm的聚合果，由青变黄红，露出深红色的外种皮，令人喜爱。

用途　为美化环境、绿化庭院的优良树种。花含芳香油，提取的香料可作饮料和糕点等的原料。提制的芳香浸膏，可供配制香皂、化妆品香精。木材坚实，质地细腻，光滑美观，是建筑和制作家具的优质良材，堪与樟木相比。

繁殖及栽培管理　以播种繁殖为主，亦可扦插。初苗期应适当遮荫，移植最好带土坨。雨季要注意排水，尽量少修剪。

望春玉兰主要栽植于植物园木兰小檗区，植物园于1978年从郑州人民公园引进。花期3月中旬，先花后叶，单株花期6～7天，整体花期20天。为北京植物园开花最早的玉兰，比北京多见的白玉兰早一星期，对延长玉兰类的观花期，有其独到之处。

玉　兰
Magnolia denudata

科　属	木兰科木兰属
英文名	Yulan, Yulan Magnolia
别　名	白玉兰、木兰、玉树、应春花、玉堂春

原产中国中部地区。被子植物中最为原始的木兰科植物，科学家们从玉兰花的形状和结构中得出结论，这种树1亿年以来几乎保持着原来的模样，没有变化，被认为是1亿年前的树。稍耐阴、忌积水、怕旱，较耐寒，北京可露地越冬。

形态特征　落叶乔木，高达25m。幼枝及冬芽均有灰黄色长绢毛。叶倒卵状椭圆形，全缘，通常上端宽。花大，钟状，芳香，径12～15cm；花萼、花瓣相似，每3片排成1轮，花被9片，偶有12～15片，

倒卵形，白色，有时基部带红晕。

每年3月间，玉兰初绽。最初细小月牙状，迎风扶摇，憨态可掬。待到绽放，又像满树玉碗摇曳枝头，朵朵亭亭玉立，交相辉映。及至将谢，一阵轻风，便叫万瓣飘落飞舞而下；一夜细雨，便收尽千样妆容。

玉兰是我国著名的观赏植物，因玉兰花"色白微碧，香味似兰"，故称玉兰。在我国的栽培历史已长达2500年之久。伟大诗人屈原的《离骚》中有"朝饮木兰之坠露兮，夕餐秋菊之落英"的佳句，以示其高洁的品格。南北朝时期，民歌《木兰诗》记述了花木兰女扮男装，替父从军，杀敌立功，成为著名巾帼英雄的故事，在我国流传已久，家喻户晓。早在唐代，玉兰就被人工栽培在园林或庭院中，视为名贵的观赏花木。白居易在《戏题木兰花》中写道："紫房日照胭脂拆，素艳风吹腻粉开。怪得独绕脂粉态，木兰曾作女郎来。"

民间传统的宅院配植中讲究"玉堂春富贵"，其意为吉祥如意、富有和权势。所谓玉即玉兰、棠即海棠、富为牡丹、贵乃桂花。玉兰盛开之际有"莹洁清丽，恍疑冰雪"之赞。如配植于纪念性建筑物之前则有"冰清玉洁"，象征着品格的高尚和具有崇高理想脱却世俗之意。

为了宣传保护珍稀濒危植物的意义，我国邮电部于1986年9月23日发行了"T·111珍稀濒危木兰科植物"特种邮票，共3枚，同日发行一张小型张，由北京画院画家赵秀焕设计。

用途　适宜作庭院树、盆栽或公园栽植。玉兰的花含有芳香油，是提炼香精的原料；花蕾可入药；花瓣可食用；种子可榨油；老树皮可代厚朴入药；木材可供制作小器具或雕刻用。

繁殖及栽培管理　常用播种、嫁接、扦插、压条、组织培养等方法繁殖。花前花后追肥，适当多施磷肥。花后及萌芽前适当修剪。

玉兰主要栽植于植物园木兰园，该园始建于50年代末，面积0.84公顷。采取规则式的设计手法，布局整齐，园路十字对称，中心一长方形水池，池边东西各一花坛。常青的绿篱将全园分割为4块，玉树琼花散植在绿篱后的草坪上。该园收集栽植了玉兰14种118株。每逢早春，玉树琼花，清香四溢，沁人心脾。玉兰花期3月下旬至4月上旬，单株花期一周左右。

紫玉兰
Magnolia liliflora

科　属	木兰科木兰属
英文名	Lily Magnolia
别　名	辛夷、木兰、木笔

原产我国中部，现各地广为栽培。喜光，耐寒性比玉兰稍差，在北京需栽于避风、小气候较好的地方。

形态特征　落叶小乔木或灌木，小枝多绿色。叶椭圆形或倒卵状椭圆形，长10～18cm，先端渐尖，基部楔形并稍下延。萼片小，3枚，披针形，绿色，约为花瓣长的1/3，通常早脱；花大，钟状，花瓣6片，外面紫色或紫红色，里面近白色，长8cm左右。

本种色泽鲜艳，花蕾紧凑，鳞毛整齐，老北京旧玩毛猴其中的原料之一便是紫玉兰越冬的花骨朵。其花语为爱，对大自然的爱。紫玉兰开花时，艳而不妖，更不失素雅之态，具有独特的丰姿，大自然的神秘就好像紧紧地被扣住了，似乎越自然的事物，越能让人觉得美妙。这也是其花语的由来。

紫玉兰的花蕾形大如笔头，故有"木笔"之称。花开时半开半合，故有"谁信花中原有笔，毫端方欲吐春霞"之美。我国现存的紫玉兰古树较多，如北京潭柘寺和颐和园的清代紫玉兰树。

用途　常植于庭园、公园观赏。花蕾入药，商品名为"辛夷"，治头痛、鼻窦炎等，并有降血压的功效。叶和花可提制芳香浸膏。

紫玉兰主要栽植于植物园木兰园。始花期4月中旬，可持续10～15天。

罗布木兰
Magnolia loebneri

科　属	木兰科木兰属
英文名	Loebner Magnolia

喜半阴，喜肥沃、排水良好的土壤。生命力旺盛，花龄早。

形态特征　落叶乔木，春叶绿色，秋天变黄褐色。早春开花，花内部近白色，外部紫色或粉红色，芳香，花瓣严重卷曲，12～15枚，萼片狭长，反卷，为花瓣长1/6～1/5。为日本辛夷(*M. kobus*)与星花玉兰(*M. stellata*)的杂交种。植物园栽植的为'丽克'罗布木兰(*M. loebneri* 'Ricki')(如图)和'迈瑞'罗布木兰。

该品种为植物园2001年4月从荷兰引进的新品种。

罗布木兰栽植于植物园木兰小檗区。花期4月上旬。

'丽克'罗布木兰

二乔玉兰
Magnolia × soulangeana

科　属　木兰科木兰属
英文名　Saucer Magnolia，Chinese Magnolia
别　名　朱砂玉兰、紫砂玉兰、苏郎木兰

原产中国。阳性树，稍耐阴，最宜在酸性、肥沃而排水良好的土壤中生长，微碱性土壤也能生长。喜肥，肉质根不耐积水。喜空气湿润，耐寒性较强，对温度敏感。不耐修剪。寿命长。

形态特征　落叶小乔木，高6～10m。叶倒卵形，先端短急尖，1/3以下渐窄成楔形。花大呈钟状，芳香，花瓣6，外面多为淡紫色，基部色较深，里面白色；萼片3，常花瓣状，长度只达其半或与之等长(有时花萼为绿色)。

二乔玉兰为玉兰和紫玉兰的杂交种，为Soulange-Bodin于1820～1840年培育而成，根据其花色形态不同约有17个栽培品种，形态介于二者之间，与二亲本相近，但更耐旱，耐寒。移植难。

用途　二乔玉兰花大色艳，观赏价值很高，是城市绿化的极好花木。广泛用于公园、绿地和庭园等孤植观赏，在国内外庭院中普遍栽培。树皮、叶、花均可提取芳香浸膏。

繁殖及栽培管理　以嫁接繁殖为主，亦可用压条、扦插或播种繁殖。优良品种多用嫁接繁殖，砧木可用紫玉兰或白玉兰。

二乔玉兰主要栽植于植物园木兰园及木兰小檗区南部，植物园有6个品种的二乔玉兰，花期4月上旬至中旬。

二乔玉兰

'亚历山大' 二乔玉兰
M. × soulangeana 'Alexandrina'

　　花瓣12，极大，外面紫色，里面淡粉色。花期4月上旬至中旬。

'红运' 二乔玉兰
M. × soulangeana 'HongYun'

　　花期3月下旬至4月上旬。

'林耐' 二乔玉兰
M. × soulangeana 'Lennei'

　　花瓣9，外面紫色，里面白色，花瓣宽8cm左右，花径12cm左右。花期4月上旬至中旬。

武当木兰
Magnolia sprengeri

科　属	木兰科木兰属
英文名	Sprenger Magnolia
别　名	湖北木兰、应春树、红花玉兰

产鄂西、川东、豫西南、陕南及甘南一带森林中。

形态特征　落叶乔木，高达20m。叶倒卵形，长10～17cm，先端急尖或急短渐尖，基部楔形，背面幼时有柔毛。花蕾被灰黄色绢毛，花杯状，芳香；花被片12或14，近相似，外面粉红或紫红色，里面色浅，有深紫色纵纹，倒卵状匙形。

因木兰花优雅美丽，我国以木兰科植物为题材的邮票有两套，一套是1986年9月23日发行的"珍稀濒危木兰科植物"特种邮票，共3枚，包括圆叶玉兰、巴东木莲和长木兰；一套是国家邮政局于2005年3月5日发行的"玉兰花"特种邮票1套4枚，包括玉兰、山玉兰、荷花玉兰和紫玉兰。

用途　花大而美丽，芳香，为优良的庭园观花树种。

武当木兰栽植于植物园木兰小檗区。花期3月中下旬，先叶开放或花叶同放，比望春玉兰晚3～4天，为早花型玉兰。

星花玉兰
Magnolia stellata

科　属	木兰科木兰属
英文名	Star Magnolia, Japanese Hariy Magnolia
别　名	星玉兰、日本毛玉兰

原产日本。喜阳光充足环境，耐寒性较强，不耐干旱，略耐阴，在深厚肥沃和排水良好的土壤中生长较好。

形态特征　小乔木或灌木，高可达5m；树皮幼时芳香。叶狭长椭圆形至长倒卵形，长4～10cm。花纯白色，芳香，径约8cm；花瓣长条形，12～18片，近等长，长3～4cm，宽8～12mm。

星花玉兰株姿优美，小枝曲折，先花后叶，花朵纯白又带芳香。其花瓣多而细长，远望似朵朵白菊花，为早春少见的优美观赏花木。

用途　宜在窗前、假山石边、池畔和水旁栽植，盆栽时特别适宜点缀古典式庭院或加工成盆景观赏。

繁殖及栽培管理　主要用播种和嫁接繁殖。移栽苗应在秋季落叶后或早春开花前进行，小苗不必带土，大树移植需带土球。

星花玉兰栽植于植物园木兰园南入口附近。植物园现有两个品种的星花玉兰，即'百年'星花玉兰（*M. stellata* 'Centennial'）和'王室星'星花玉兰（*M. stellata* 'Royal Star'）。花期4月上旬，清明节前后为盛花期。

木兰属其他植物

'贝蒂'木兰
Magnolia 'Betty'

　　花大，花瓣12，外面淡紫，里面白色，细长，花瓣略翻卷，萼片3，细长，为花瓣长1/4。花期4月上旬至中旬。

'变色龙'玉兰
Magnolia 'Chameleon'

　　落叶小乔木，高4m。叶长圆状披针形；花萼、花瓣近似，共9片，背部浅紫红色，内部白色。生长迅速，病虫害少，耐寒，可露地越冬。性喜高燥，忌低湿。喜肥沃、排水良好而带微酸性的沙质土壤，在弱碱性的土壤中亦可生长。花大、繁多，观赏效果较好。栽植于植物园木兰小檗区，花期4月上旬。

'黄鸟'玉兰
Magnolia 'Yellow Bird'

　　玉兰属植物的花色多为白色、粉红色、紫红色。而黄色的玉兰花极为罕见，是一种非常珍贵的观赏植物。栽植于植物园木兰小檗区，花期4月上旬至中旬。

'黄河'玉兰
Magnolia 'Yellow River'

　　落叶乔木。叶倒卵状椭圆形，先端圆，具突尖，基部宽楔形，长12~20cm，宽10~14cm。初开黄色，后期颜色稍变淡。此品种性喜阳光和温暖的气候，树形丰满，花色新颖。抗寒性好，喜肥沃、排水良好而微带酸性的沙质土壤。适宜北京地区生长。栽植于植物园木兰小檗区，花期4月上旬至中旬。

狭叶山胡椒
Lindera angustifolia

科　属　樟科山胡椒属

英文名　Narrowleaf Spicebush

产胶东、河南及长江流域至华南地区，朝鲜也有分布。喜光，亦耐半阴，耐干旱瘠薄，有较强的抗寒能力。生于山坡灌木丛中及林缘。

形态特征　落叶小乔木或灌木，高达4m。花芽生于叶芽两侧。叶硬纸质，狭长，椭圆状披针形，长5～14cm，羽状脉，全缘，背面苍白色，网状脉隆起。伞形花序无总梗或近无总梗，有花2～7朵，花黄色，花被片倒卵状矩圆形，长4mm。全树各部有香气。

狭叶山胡椒花黄果黑，叶入秋后变成橘红色，入冬枯而不落，至翌年春方与嫩叶交替，颇具观赏价值。

狭叶山胡椒是樟科植物分布的最北种之一。北京植物园于1973年从杭州植物园引入种子。

用途　在公园内配置，富有野趣，也可丛植于草坪上。油料、芳香油及药用树种。

繁殖及栽培管理　采用种子繁殖，采收后，洗净阴干，混沙贮藏于花盆中，翌年春播。管理粗放，养护上对一、二年生小苗需保护，3年以上则可露地越冬。

狭叶山胡椒栽植于植物园木兰小檗区北部。花期4月上旬。

山胡椒
Lindera glauca

科　属　樟科山胡椒属

英文名　Greyblue Spicebush

别　名　假死柴、牛筋树、崂山棍

广布于我国黄河以南地区，多见于海拔900m以下之林地山坡。印度、朝鲜、日本也有生长。阳性树种，喜光，稍耐阴湿，耐干旱瘠薄，抗寒力强，以湿润肥沃的微酸性沙壤土生长最为良好。

形态特征　落叶小乔木或灌木，高达8m。单叶互生，叶近革质，卵形、椭圆形或倒卵状椭圆形，长4～9cm。叶全缘，羽状脉，叶片枯后留存树上，来年新叶发出时始落，雌雄异株。腋生伞形花序，有短花序梗，生于混合芽中的总苞片绿色膜质，每总苞有3～8朵花。花黄色，花被片6。

山胡椒干皮灰白平滑，叶表深绿光亮，冬叶经久不落，花黄果黑，微有香气。

用途　可用作园林点缀树种配植于草坪、花坛和假山隙缝。果及叶可提取芳香油，作食品及化妆品香精；种子含脂肪油，可制肥皂及机械润滑油；根、枝、叶、果实供药用，有祛风湿、消肿、解毒、止痛之效。

山胡椒栽植于植物园木兰小檗区北部，花期4月上旬。

木姜子
Litsea pungens

科　属　樟科木姜子属

英文名　Pungent Litse

产全国大部地区，生于山地阳坡杂木林中或林缘、溪边。

形态特征　落叶小乔木，高3～7m。花枝细长。叶簇聚于枝端，纸质，披针形或倒披针形。花单性，雌雄异株；伞形花序，由8～12朵花组成，具短梗；花先叶开放；花黄色，花被6，倒卵形。

用途　果含芳香油，为高级香料的原料。

木姜子为北京植物园1973年从杭州植物园引种，栽植于宿根园。花期3月下旬。植物园还有同属植物山鸡椒(*L. cubeba*)。

蜡 梅
Chimonanthus praecox

科　属　蜡梅科蜡梅属
英文名　Winter Sweet
别　名　腊梅、黄梅花、香梅、香木、干枝梅

原产我国中部，在鄂西、重庆及秦岭、伏牛山等地区常见野生，现各地栽培。近年在湖北西部神农架发现了1000平方公里的野生蜡梅林。喜光，喜肥，耐干旱，耐寒，忌水湿。北京在背风向阳处露地种植。

形态特征　落叶灌木，高3～5m。小枝近方形，浅棕红色，有椭圆形突出皮孔。单叶对生，卵状椭圆形至卵状披针形，长7～15cm，全缘，半革质而较粗糙。花单朵腋生，芳香。花被多数，内层较小，紫红色；中层较大，黄色，稍有光泽，似蜡质；最外层由细小鳞片组成。萼片与花瓣相似，不易区别。

数九腊月，朔风凛冽，唯有蜡梅冲寒开放，"挺秀色于冰涂，厉贞心于寒道"，凌寒不衰，守正不苟，被认为是冰清玉洁的代表。蜡梅瓣似捻蜡所成，晶亮闪光，芳香浓郁。能傲冬御寒，雪中含苞怒放，是我国北方露地花木春季开花最早的一种。春寒料峭之时，踏雪寻梅，别有情趣！

蜡梅如美人，不施粉黛，以独特之美迎春天。宋代杨万里《蜡梅》诗：

天向梅梢别出奇，国香未许世人知。

殷情滴蜡缄封却，偷被霜风拆一枝。

卧佛寺的一株植于唐代贞观年间的古蜡梅，距今已有1300多年的历史，在此期间它一度枯萎，而后又萌出新芽并且长势茂盛，所以人们称它为二度梅，此株蜡梅若以年代来论，堪称京城蜡梅之冠。

用途　庭园多栽培，也极宜做盆栽、盆景，供室内观赏。蜡梅是我国民间传统春节的切花材料，瓶插时间特长，可达数十天之久。蜡梅瓶插配以南天竹，隆冬呈现"红果、黄花、绿叶"交相辉映的景色，甜香盈室，是中国传统的插花方式。鲜花可提取芳香油，花烘制后为名贵药材；花蕾供药用，浸泡生油中，制成"蜡梅油"，可敷治烫伤；根、茎亦可作镇咳止喘药。园林中多植庭院欣赏，亦为配植常绿树前之佳品。

繁殖及栽培管理　用播种、分株、压条、嫁接等方法繁殖。蜡梅有"四耐四怕"：耐寒怕冷风；耐旱怕水涝；耐阴怕高温；耐修剪怕枝密。播种繁殖可于7～8月采种后立即播种，也可将种子干藏至翌春播种。

蜡梅主要栽植于植物园卧佛寺，现有10余个品种200余株。花期11月下旬至翌年3月。

植物园栽培变种为：

'素心'蜡梅
C. praecox 'Concolor'

花朵较大，花径3.5cm左右，盛开时开展，尖端反卷，内轮花被片金黄色，不染紫色条纹，具浓香。花瓣20片左右，卵状椭圆形，雄蕊、雌蕊均为黄色。花期中。

'磬口'蜡梅
C. praecox 'Grandiflorus'

叶片可达20cm，花径3.0～3.6cm，花盛开时半张半合，如磬状（一种乐器）；中部花被片9，黄色，长椭圆形；内部花被片6，具紫红紫色条纹，基部具爪。花期早、花期长。香气浓。

福寿花
Adonis aestivalis

科　属	毛茛科侧金盏花属
英文名	Summer Adonis
别　名	夏侧金盏花

原产中国北部，在亚洲西部、欧洲也有分布。生长在田边草地。

形态特征　一年生草本，植株高10～30cm，茎直立。叶片少，2～3回羽状分裂，小裂片线形或披针形，宽0.4～0.8mm。花单生枝顶，在开花时围在茎近顶部的叶中；萼片约5，膜质；花瓣约8，直径3～5cm，橙黄色至深血红色，花瓣长约1cm，下部黑紫色。

用途　花坛、花境、林缘、缀花草坪的材料，也可盆栽观赏。全草入药，利尿消肿、补心阳，主治阳虚水泛浮肿，心气不足引起的气喘、心悸、疲乏无力。

繁殖及栽培管理　本种为直根系植物，宜直播，播种前种子用温水浸泡20～30小时，点播在培养土上，覆土约0.6cm，约10～15天出苗。栽培要求疏松、肥沃及排水良好的沙质壤土，保持充足光照和水肥条件精心管理，约85天后可现蕾开花。

福寿花为植物园春季花坛、花境草花。花期4月中旬至5月中旬。

大花飞燕草
Delphinium grandiflorum

科　属　毛茛科翠雀属
英文名　Largeflower Larkspur
别　名　翠雀、飞燕草

原产我国及西伯利亚。喜光，也耐阴，喜冷凉气候，忌炎热，耐寒，耐旱。

形态特征　多年生草本，株高50～100cm，全株被柔毛。叶互生，掌状深裂至全裂。顶生总状花序或穗状花序；花瓣2枚合生，径约2.5cm，萼片5枚，瓣状，与花瓣同色。栽培品种有重瓣型，花大美丽，有浅蓝色、深蓝色、肉色等多种。

大花飞燕草的花奇特，有距，蜜藏于距中，非长吻昆虫采不到蜜，可以节省蜜源，并保证异花传粉的效果。这种花的结构反映的是毛茛科植物中适应虫媒的极进化的类型。

用途　可作花坛、花境材料，也可用作切花。全草入药，外用治痔疮，亦可作杀虫剂。

繁殖及栽培管理　播种繁殖为主，亦可分株、扦插繁殖。生长期需施以磷钾肥料。如植株较高大，可设支架。

大花飞燕草为植物园春季花坛、花境草花。始花期4月下旬，可延续数月。

东方铁筷子
Helleborus orientalis

科　属　毛茛科铁筷子属
英文名　Lenten Rose
别　名　东方嚏根草、东方菟葵

　　分布于亚洲西部。喜温暖环境，不耐高温，稍耐寒，但过于寒冷会造成伤害；喜半阴环境，强光直射则生长发育不良；喜湿润的条件，干燥条件下则易萎蔫；喜湿润、肥沃、疏松壤土。

　　形态特征　多年生草本，有根状茎。叶为单叶，鸡足状全裂；萼片5片，花瓣状，白色、粉红色或绿色，常宿存。花瓣筒状或杯形。雄蕊多数，花药椭圆形，花丝狭线形。

　　用途　适宜花坛、花境或林下成片种植或点缀种植，以及灌木丛前规则栽植，校园、池塘边、岩石园等处配置。

　　东方铁筷子栽植于植物园药草园。花期4月中旬。

毛茛
Ranunculus japonicus

科　属　毛茛科毛茛属
英文名　Japanese Buttercup
别　名　鸭脚板、野芹菜、老虎脚爪草、毛芹菜、起泡菜

产我国各地，东北至华南都有分布。生于田野、路边、沟边、山坡杂草丛中。喜温暖湿润气候，忌土壤干旱，不宜在重黏性土中栽培。

形态特征　多年生草本，高20～60cm，有伸展的白色柔毛。基生叶和茎下部叶有长柄，长可达20cm，叶片五角形，掌状3深裂，中间裂片3浅裂，疏生锯齿，侧裂片不等2裂。单歧聚伞花序，具数朵花，花亮黄色，直径约2cm；花瓣5，也有6～8，少数为重瓣，里侧有光泽。

毛茛喜欢水湿之地。毛茛属的拉丁名"*Ranunculus*"意为青蛙，意思是指一些种毛茛喜欢生长在青蛙多的地方。毛茛的英文名"Buttercup"为奶油金杯，是从花的形状及色泽得来的。

用途　毛茛花多，花色金黄，可引种植于水边，供观赏。全草为外用发泡药，治疟疾、黄疸病；鲜根捣烂敷患处可治淋巴结核；也可作土农药。

繁殖及栽培管理　种子繁殖。

毛茛栽植于植物园宿根园。始花期5月上旬。

东方铁筷子
Helleborus orientalis

科　属　毛茛科铁筷子属
英文名　Lenten Rose
别　名　东方嚏根草、东方菟葵

分布于亚洲西部。喜温暖环境，不耐高温，稍耐寒，但过于寒冷会造成伤害；喜半阴环境，强光直射则生长发育不良；喜湿润的条件，干燥条件下则易萎蔫；喜湿润、肥沃、疏松壤土。

形态特征　多年生草本，有根状茎。叶为单叶，鸡足状全裂；萼片5片，花瓣状，白色、粉红色或绿色，常宿存。花瓣筒状或杯形。雄蕊多数，花药椭圆形，花丝狭线形。

用途　适宜花坛、花境或林下成片种植或点缀种植，以及灌木丛前规则栽植，校园、池塘边、岩石园等处配置。

东方铁筷子栽植于植物园药草园。花期4月中旬。

毛 茛
Ranunculus japonicus

科　属　毛茛科毛茛属
英文名　Japanese Buttercup
别　名　鸭脚板、野芹菜、老虎脚爪草、毛芹菜、起泡菜

产我国各地，东北至华南都有分布。生于田野、路边、沟边、山坡杂草丛中。喜温暖湿润气候，忌土壤干旱，不宜在重黏性土中栽培。

形态特征　多年生草本，高20～60cm，有伸展的白色柔毛。基生叶和茎下部叶有长柄，长可达20cm，叶片五角形，掌状3深裂，中间裂片3浅裂，疏生锯齿，侧裂片不等2裂。单歧聚伞花序，具数朵花，花亮黄色，直径约2cm；花瓣5，也有6～8，少数为重瓣，里侧有光泽。

毛茛喜欢水湿之地。毛茛属的拉丁名"*Ranunculus*"意为青蛙，意思是指一些种毛茛喜欢生长在青蛙多的地方。毛茛的英文名"Buttercup"为奶油金杯，是从花的形状及色泽得来的。

用途　毛茛花多，花色金黄，可引种植于水边，供观赏。全草为外用发泡药，治疟疾、黄疸病；鲜根捣烂敷患处可治淋巴结核；也可作土农药。

繁殖及栽培管理　种子繁殖。

毛茛栽植于植物园宿根园。始花期5月上旬。

东方铁筷子
Helleborus orientalis

科　属　毛茛科铁筷子属
英文名　Lenten Rose
别　名　东方嚏根草、东方菟葵

　　分布于亚洲西部。喜温暖环境，不耐高温，稍耐寒，但过于寒冷会造成伤害；喜半阴环境，强光直射则生长发育不良；喜湿润的条件，干燥条件下则易萎蔫；喜湿润、肥沃、疏松壤土。

　　形态特征　多年生草本，有根状茎。叶为单叶，鸡足状全裂；萼片5片，花瓣状，白色、粉红色或绿色，常宿存。花瓣筒状或杯形。雄蕊多数，花药椭圆形，花丝狭线形。

　　用途　适宜花坛、花境或林下成片种植或点缀种植，以及灌木丛前规则栽植，校园、池塘边、岩石园等处配置。

　　东方铁筷子栽植于植物园药草园。花期4月中旬。

白头翁
Pulsatilla chinensis

科　属　毛茛科白头翁属
英文名　Pulsatilla，Chinese Pulsatilla
别　名　老公花、大碗花、毛姑朵花

　　原产我国华北、东北、江苏、浙江等地，朝鲜等地也有分布。性喜凉爽气候，耐寒，耐瘠薄，不耐盐碱及湿涝，喜阳光充足、排水良好的沙质土壤。

　　形态特征　多年生草本。全株密被白色长柔毛。基生叶4～5片，宽卵形，有时为3出复叶。花单朵顶生，径约6～8cm；萼片6枚，2轮，呈花瓣状，蓝紫色；雄蕊多数，鲜黄色。聚合果由多数瘦果组成，呈头状，瘦果有宿存花柱，羽毛状，白色。

　　白头翁有个特点，即全株密被白色的长柔毛。特别是它的花，花萼长得像花瓣一样，蓝紫色的花萼上也被上了白色的柔毛。果期羽毛状花柱宿存，银丝状，极为别致，形似白头老翁，故得名白头翁或老公花。

　　《唐本草》："白头翁，其叶似芍药而大，抽一茎，茎头一花，紫色，似木槿花。实大者如鸡子，白毛寸余，正似白头老翁，故名焉。"

　　用途　白头翁在园林中可作自然栽植，用于布置花坛、道路两旁，或点缀于林间空地。花期早，植株矮小，是理想的地被植物品种。根可入药，有清热解毒的功效。

　　繁殖及栽培管理　播种或分株繁殖。播种时间最好是采后即播，秋播也可，但种子发芽率较春播要低。分株法应用较多，以秋季为好。

　　白头翁多野生，亦可作花卉或药用植物栽培，栽植于植物园宿根园。花期4月中旬至5月上旬。

花毛茛
Ranunculus asiaticus

科　　属	毛茛科毛茛属
英文名	Persian Buttercup, Common Garden Buttercup
别　　名	芹菜花、波斯毛茛、陆莲花

原产土耳其、叙利亚、伊朗及欧洲东南部。我国各大城市均有栽培。喜阳光充足环境和凉爽通风气候，亦耐半阴；忌湿热与直射阳光暴晒；较耐寒，畏霜冻。适宜排水良好、肥沃疏松微酸性沙质壤土；喜湿润，忌积水，怕干旱。

形态特征　多年生草本。基生叶阔卵形，具长柄，形似芹菜。春季抽生地上茎，高25～45cm，中空，单生或稀分枝。茎生叶无柄，2回3出羽状浅裂或深裂。每一花葶有花1～4朵；萼片绿色，花瓣5至数十枚，黄色为主，园艺品种较多，有红、白、橙、粉、栗等深浅各异之别，鲜艳夺目。

花毛茛是牡丹、芍药的近亲。它的花玲珑秀美，花色丰富艳丽，花瓣重重叠叠，花型圆圆整整，稳重中含有飘逸，柔软中带着坚实。

早在13世纪，十字军东征时将花毛茛带回法国栽培，另据资料介绍1596年由英国人引入欧洲进行栽培。至18世纪末期已有800多个品种出售，盛况空前。第一次世界大战后，品种大量减少。

6月13日的生日花为花毛茛。自古以来，基督教里就有将圣人与特定花朵联结在一起的习惯，这因循于教会在纪念圣人时，常以盛开的花朵点缀祭坛所致！而在中世纪的天主教修道院内，更是有如园艺中心般的种植着各式各样的花朵，久而久之，教会便将366天的圣人分别和不同的花朵合在一起，形成所谓的花历。当时大部分的修道院都位于南欧地区，而南欧属地中海型气候，极适合栽种花草。花毛茛所纪念的人物是公元13世纪的法兰西斯科教会修士——圣安东尼。他每次在宣扬基督教义或传福音时，总会吸引众多信徒聆听。所以花毛茛花语为受欢迎。

用途　花毛茛花大而美丽，适宜作切花或盆栽，也可植于林缘或花坛、草坪四周。通常矮生或中等高度的用于园林花坛、花带和家庭盆栽。

繁殖及栽培管理　播种或分株繁殖，以分球为主。

花毛茛为植物园春夏花坛、花境草花。始花期4月中旬，可开至初夏。

毛 茛
Ranunculus japonicus

科　属　毛茛科毛茛属
英文名　Japanese Buttercup
别　名　鸭脚板、野芹菜、老虎脚爪草、毛芹菜、起泡菜

产我国各地，东北至华南都有分布。生于田野、路边、沟边、山坡杂草丛中。喜温暖湿润气候，忌土壤干旱，不宜在重黏性土中栽培。

形态特征　多年生草本，高20～60cm，有伸展的白色柔毛。基生叶和茎下部叶有长柄，长可达20cm，叶片五角形，掌状3深裂，中间裂片3浅裂，疏生锯齿，侧裂片不等2裂。单歧聚伞花序，具数朵花，花亮黄色，直径约2cm；花瓣5，也有6～8，少数为重瓣，里侧有光泽。

毛茛喜欢水湿之地。毛茛属的拉丁名"*Ranunculus*"意为青蛙，意思是指一些种毛茛喜欢生长在青蛙多的地方。毛茛的英文名"Buttercup"为奶油金杯，是从花的形状及色泽得来的。

用途　毛茛花多，花色金黄，可引种植于水边，供观赏。全草为外用发泡药，治疟疾、黄疸病；鲜根捣烂敷患处可治淋巴结核；也可作土农药。

繁殖及栽培管理　种子繁殖。

毛茛栽植于植物园宿根园。始花期5月上旬。

豪猪刺
Berberis julianae

科　属	小檗科小檗属
英文名	Wintergreen Barberry
别　名	石妹刺、土黄连、鸡足黄连、三颗针

产我国中部地区。生于山坡林下、林缘或沟边。海拔1100～2100m。性较耐寒。

形态特征　常绿灌木，分枝紧密，高2～2.5m。小枝发黄，有棱角；有三杈刺，刺长达3.5cm。叶狭卵形至倒披针形，长5～7.5cm，宽0.8～1.3cm，缘有刺齿6～10对；常约5叶簇生于节上。花黄色，微香，有细长柄；常15～20朵簇生。

用途　宜植于庭园观赏。根可作黄色染料。根或茎叶入药，能清热解毒，消炎抗菌。

豪猪刺栽植于植物园木兰小檗区。花期4月中旬至下旬。

朝鲜小檗
Berberis koreana

科　属	小檗科小檗属
英文名	Korean Barberry
别　名	掌刺小檗

原产朝鲜及我国东北、华北地区。20世纪初被引种到世界各国栽培。喜光，耐寒性极强，耐瘠薄。

形态特征　落叶灌木，高1～1.5m；1年生枝条紫红色，具棱，成熟枝暗红褐色，有纵槽；木质部黄色，髓白色。叶刺掌状，3～7裂，长8～10mm，黄褐色，叶长椭圆形至长倒卵形，长9.5cm，宽4.5cm，先端圆，缘有刺齿。花黄色，花瓣倒卵形，总状花序着10～20朵花，下垂。浆果球形，亮红色或橘红色，经冬不凋。

1980年北京植物园由中科院植物园获得种子，先后繁殖育苗千余株，除本园使用外，还为北京市一些单位及天津、赤峰、沈阳、寿安等地的引种提供了大量苗木。本种10月初叶渐变鲜红色，气温越低，颜色越红，迟至11月初开始落叶。

用途　可观花、观果、观秋季红叶。在园林中可作基础种植或绿篱使用，也可片植、列植于花坛、草坪上。还是水土保持良好树种。

繁殖及栽培管理　播种、扦插或高压法繁殖，以春秋季为宜。本种性强健，两年生苗可露地越冬，耐修剪。

朝鲜小檗栽植于植物园木兰小檗区、曹雪芹纪念馆南门外等处。花期4月下旬。

小 檗
Berberis thunbergii

科　属　小檗科小檗属
英文名　Japanese Barberry
别　名　日本小檗、子檗

　　原产日本，我国各地有栽培。喜温暖湿润环境。适应性强，耐半阴，耐寒性强，耐干旱、瘠薄土壤。紫叶、金叶者需栽于阳光充足处。

　　形态特征　落叶灌木，高2～3m；多分枝；刺细小，通常不分叉。叶片膜质，通常约8片簇生于刺腋，菱状倒卵形或匙状矩圆形，全缘。花序伞形或近簇生，长1～2cm，有花2～5朵，花黄色。浆果长椭圆形，熟时红色或紫红色。冬季落叶后亦常有红果不落，晶莹可赏。

　　用途　秋叶红色，果也红艳可爱，宜作绿篱，也可用作基础种植及岩石园种植材料。根和茎叶供药用，能清热燥湿，泻火解毒，民间用其枝叶煎水洗治眼病，内服可治结膜炎；根和茎内含小檗碱，可供提取黄连素的原料；茎皮可作黄色染料。

　　繁殖及栽培管理　扦插或播种繁殖。多于春季移栽定植，为保证成活率，移栽时需带宿土或土球。整形修剪宜在春季萌芽前进行。

　　日本小檗栽植于植物园木兰小檗区、月季园等多处。花期4月中旬。植物园栽有18个品种的日本小檗，下图为栽培品种紫叶小檗（*B. thunbergii* ‘Atropurpurea’）。

阔叶十大功劳
Mahonia bealei

科　属　小檗科十大功劳属
英文名　Leatherleaf Mahonia
别　名　土黄柏、八角刺、刺黄柏、黄天竹

　　产我国中部和南部。生于山谷、林下阴湿处。具有较强的抗寒能力，喜排水良好的酸性腐殖土，极不耐碱，较耐旱，怕水涝。

　　形态特征　常绿灌木，高达4m。羽状复叶互生，长30～40cm，叶柄基部扁宽抱茎；小叶7～15，厚革质，广卵形至卵状椭圆形，长3～14cm，宽2～8cm，先端渐尖成刺齿，边缘反卷，每侧有2～7枚大刺齿。总状花序粗壮，丛生于枝顶；苞片小，密生；萼片9，3轮，花瓣6，淡黄色，先端2浅裂；雄蕊6。浆果卵圆形，熟时蓝黑色，外被白粉。

　　用途　枝叶苍劲，黄花成簇，是庭院花境、花篱的好材料。也可丛植，孤植或盆栽。全株供药用，有清凉、解毒、强壮之效。

　　繁殖及栽培管理　播种、扦插和分株繁殖。

　　阔叶十大功劳栽植于植物园樱桃沟自然保护区。花期3月下旬至4月上旬。原产地多于深秋及初冬开花，花期长达月余。

白屈菜
Chelidonium majus

科　属	罂粟科白屈菜属
英文名	Greater Celandine，Herba Chelidonii
别　名	断肠草、山黄连、小野人血草、见肿消、八步紧

分布几遍中国；亚洲的北部和西部，欧洲也有。北京西部、北部山区均有分布，生于山沟林下水湿处。

形态特征　多年生草本，植株高不超过90cm，有黄色汁液。茎直立，多分枝，嫩绿色，被白粉，疏生柔毛。叶互生，有长柄，1～2回羽状全裂，基生叶全裂片5～8对，茎生叶全裂片2～4对，边缘有不整齐缺刻，上面近无毛，下面疏生短柔毛，有白粉。花数朵，伞状排列；萼片2，淡绿色，早落；花瓣4，黄色，倒卵形。

北京植物园自1988年从大青山引种，经过扩大繁殖，现已栽植于园内多处。

用途　白屈菜花多且大，鲜黄色，可种于公园水湿处作早春花卉供观赏。全草入药，可清热解毒、止痛、止咳，用于胃炎，胃溃疡，腹痛，肠炎，痢疾，慢性气管炎，百日咳等。新鲜植株有毒，不可食用。可以外敷治疗疣、鸡眼和钱癣。

白屈菜栽植于植物园药草园、宿根园等处。始花期4月中旬。

东方罂粟
Papaver orientale

科　属　罂粟科罂粟属
英文名　Oriental Poppy
别　名　近东罂粟

原产高加索地区、伊朗北部、土耳其东北部，现各地有引种栽培。自然生长于海拔1950～2800m的多砾石坡地或干旱草甸上。喜阳光充足、肥沃和排水良好的沙质壤土。性耐寒、耐旱、喜光，忌炎热湿涝。

形态特征　多年生草本，高60～90cm，全株具毛，有乳汁。叶羽状深裂，长约30cm，裂片长圆状披针形。花单生长梗上，深红色，花径约10cm；花瓣4枚，初开杯状，长7～9cm，花瓣基部有黑色斑块。栽培品种较多，有白、粉红、红、橙和紫等色；并有重瓣者。

用途　东方罂粟花形高雅奇特，花朵大，花色丰富、艳丽，适宜布置多年生花坛、花带，篱旁、路边条植或片植，亦可配置在林缘、草坪的边缘和矮生早春花灌木配景用。

繁殖及栽培管理　播种、根插繁殖。种子非常细小，对光照有反应，只需稍加覆盖。

东方罂粟栽植于植物园药草园。花期5月上旬至下旬。

花菱草、虞美人和罂粟的区别

植株部位	花菱草	虞美人	罂粟(*Papaver somniferum*)
植株	植株光滑、被白粉	全株具毛	植株光滑、被白粉
叶	边缘具不整齐的缺刻、粗齿或呈羽状浅裂	多回3出羽状深裂或全裂	不规则羽状深裂或全裂
花蕾	未开放时直立向上	未开放时弯曲下垂	未开放时弯曲下垂

虞美人
Papaver rhoeas

科　属	罂粟科罂粟属
英文名	Corn Poppy，Field Poppy，Planders Poppy
别　名	丽春花、赛牡丹、蝴蝶满园春、小种罂粟花、苞米罂粟

原产欧洲及亚洲，北美也有广泛分布。在我国广泛栽培，以江浙一带最多。耐寒，怕暑热，喜阳光充足及通风良好的环境，喜疏松肥沃、排水良好的沙质土。

形态特征　1～2年生草本花卉，茎直立，株高30～60cm，全株被绒毛，有乳汁。叶片呈羽状深裂或全裂，裂片披针形，边缘有不规则锯齿。花单生长梗上，含苞时常下垂，开花后花朵向上，萼片2枚具刺毛，花瓣4，圆形，花色有纯白、紫红、粉红、红、玫红等色，有时具斑点。栽培中有半重瓣及重瓣品种。

虞美人姿态葱秀，袅袅婷婷，因风飞舞，俨然彩蝶展翅，颇引人遐思。虞美人兼具素雅与浓艳华丽之美，二者和谐地统一于一身。其容其姿大有中国古典艺术中美人的丰韵，堪称花草中的妙品。

南唐李煜的《虞美人》家喻户晓："春花秋月何时了，往事知多少。小楼昨夜又东风，故国不堪回首月明中。雕栏玉砌应犹在，只是朱颜改。问君能有几多愁，恰似一江春水向东流。"

自古以来，传诵着一个悲壮的故事。秦末楚汉相争之时，最后楚霸王项羽，被刘邦汉军困于垓下行将兵败。项羽召见妻子虞姬相会，并慷慨悲歌："力拔山兮气盖世，时不利兮骓不逝，骓不逝兮可奈何？虞兮虞兮奈若何！"歌罢挥泪与虞姬诀别。当时虞姬和曲后，也拔剑自刎。后来在虞姬血染之地，长出一株娇媚照人的花草，人们取名之"虞美人"。

虞美人是比利时的国花。花语为安慰。

用途　可布置花坛，或遍植于庭园四周，也可盆栽或作切花。亦可提取红色染料用作某些酒类和药物的添色剂。

繁殖及栽培管理　播种或自播繁殖。

虞美人为植物园春季花坛、花境草花。始花期4月下旬，可延续至6月。

荷包牡丹
Dicentra spectabilis

科　属	紫堇科荷包牡丹属
英文名	Bleeding Heart
别　名	兔儿牡丹、荷包花、蒲包花、铃儿草、鱼儿牡丹

原产我国北部及日本、西伯利亚，1810年发现。各地园林普遍栽培。性耐寒，耐半阴，不耐高温、高湿、干旱，喜光，喜富含腐殖质、疏松肥沃的沙质壤土。

形态特征　多年生草本，株高30～60cm。叶对生，2回3出羽状复叶，略似牡丹叶片，具白粉，有长柄。总状花序顶生呈拱形，花下垂向一边，花瓣4枚，外部2枚基部囊状，形似荷包，玫瑰红色，内部2枚较瘦长突出于外，近白色；雄蕊6，合生成两束，雌蕊条形。

荷包牡丹可以称得上中国的玫瑰花，如果用此花送情人，比送99朵玫瑰更感人。古时，在洛阳城东南二百来里，有个州名叫汝州，州的西边有个小镇，名叫庙下。这里群山环绕，景色宜人，还有一个美妙的风俗习惯：男女青年一旦定亲，女方必须亲手给男方送去一个绣着鸳鸯的荷包，这其中的含意是不言而喻的。若是定的娃娃亲，也得由女方家中的嫂嫂或邻里过门的大姐们代绣一个送上，作为终身的信物。

用途　荷包牡丹叶丛美丽，花朵玲珑，形似荷包，色彩绚丽，是盆栽和切花的好材料，也适宜于布置花境和在树丛、草地边缘湿润处丛植，景观效果极好。

繁殖及栽培管理　播种、分株或扦插繁殖。以春秋分株繁殖为主，春季分株的苗当年可开花，约3年左右分株一次。

荷包牡丹栽植于植物园管理处院内、宿根园、药草园等处。始花期4月中下旬，可持续数月。

'白花'荷包牡丹
D. spectabilis 'Alba'

　　栽植于植物园宿根园，花期4月中旬。

山白树
Sinowilsonia henryi

科　属　金缕梅科山白树属

英文名　Henry Wilsontree

　　山白树为我国特有种，星散分布于我国中部的局部地区。由于森林过度砍伐，林地环境日趋恶化，天然更新困难，林下几无幼树。如不改变森林采伐方式，并加强保护和繁殖，山白树将陷入灭绝的境地，已被列为我国保护植物名录二级保护物种。

　　山白树最适宜生于山谷河岸、土壤湿润而通气良好，且有散射光、光片、光斑的稀疏落叶林中，一旦这种独特生境被破坏，它也会逐渐消失。同时山白树花单性，受粉率低，结子少，种子又缺乏传播媒介，所以它的分布范围渐趋狭窄。

　　形态特征　落叶小乔木或灌木，高可达10m。叶互生，纸质或膜质，倒卵形，稀椭圆形，长10～18cm，先端锐尖，基部圆形或浅心形，稍偏斜，边缘密生小突齿。花单性，稀两性，雌雄同株，无花瓣；雄花排列总状花序，长41cm，下垂；雌花排成穗状花序，长6～8cm。

　　用途　山白树为金缕梅科的单种属植物，野生种群多为单性花，经栽培后有变为两性花的倾向。它在金缕梅亚科中所处的地位对于阐明某些类群的起源和进化，有较重要的科学价值。

　　繁殖及栽培管理　种子繁殖或扦插繁殖。

　　山白树栽植于植物园樱桃沟自然保护区。花期4月中旬至下旬。

领春木
Euptelea pleiospermum

科　属　领春木科领春木属
英文名　Euptelea，Manyseeded Euptelea
别　名　正心木、水桃

原产中国、日本。分布范围虽广，但因森林大量砍伐，自然植被严重破坏，生态环境恶化，其生长发育和天然更新受到一定的限制，分布范围正日益缩小，植株数量已急剧减少。喜湿润气候及深厚肥沃土壤，中性偏阴，在强光高燥的地方生长较差。

形态特征　落叶小乔木或灌木，高2～15m。叶卵形或椭圆形，长5～13cm，叶缘重锯齿，先端突尖或尾状尖，侧脉6～11对；叶柄长2～5cm。花两性，6～12朵簇生；无花被；雄蕊6～14，长8～15mm，花药红色，较花丝长。

领春木先花后叶，红色花药簇生，开在早春，颇有特色。它的翅果成熟时呈黄色，因有长柄，随风飘动，好似朵朵小花。

领春木是稀有种，为国家三级保护珍稀濒危植物，是典型的东亚植物区系成分的特征种，又是古老的第3纪孑遗植物，对研究植物系统发育、植物区系都有一定的科学意义。

用途　花果成簇，红艳夺目，为优良的观赏树木。在园林中既可做高大乔木的下木，与之组成人工群落，又能成片栽植，尤其是配置在沟谷、溪旁阴湿环境里，更能相得益彰。

繁殖及栽培管理　主要采用播种法繁殖，种子干藏，早春直播。苗期应加强管理，注意浇水、施肥、中耕。定植时宜选小气候较湿润的地方。

领春木主要栽植于植物园樱桃沟自然保护区、银杏松柏区。植物园1973年从秦岭太白山引种。花期4月上旬。

须苞石竹
Dianthus barbatus

科　属　石竹科石竹属
英文名　Sweet William
别　名　美国石竹、五彩石竹、什样锦

原产欧洲东部和南部，我国各地均有栽培。阳性，耐寒，喜肥，要求通风好。

形态特征　2年生草本植物，亦可多年生栽培，高60～70cm。茎直立，粗壮，单1，稀2～3，下部圆筒形，上部具棱，节膨大。叶多数，下部紧密，上部疏离，叶片狭披针形至卵状披针形，基部渐狭并联合成长3～7mm的闭合叶鞘紧包于茎上。聚伞花序多数，密集成头状；花瓣紫红色、粉红色或白色，瓣片宽倒卵形或近扇形，顶端具多数不整齐的齿裂，爪白色，近线形。

石竹属拉丁名"*Dianthus*"是由希腊文Dios（神话中的主神名，即宙斯Zeus）＋anthos（花）组成的，意为美丽而清雅。

用途　适宜种植于花坛、花境，也可用作切花或盆栽。

繁殖及栽培管理　播种、分株和扦插繁殖。

须苞石竹为植物园春季花坛、花境草花。始花期4月下旬，可开至初夏。植物园栽培品种为'紫花束'石竹（*D. barbatus* 'Bouquet Purple'）和'矮生'美国石竹（*D. barbatus* 'Nanus'）等。

石　竹
Dianthus chinensis

科　属　石竹科石竹属
英文名　Chinese Pink, Rainbow Pink
别　名　中国石竹、洛阳花、常夏、日暮草

原产中国东北、华北、长江流域各省。现世界各地广泛栽培。耐寒，耐干旱，不耐酷暑，喜阳光充足、高燥、通风及凉爽湿润气候，忌水涝，好肥。

形态特征　多年生草本，常作1～2年生栽培，株高20～40cm。茎直立，有节，多分枝，叶对生，线状披针形。花单生或数朵簇生，形成圆锥状聚伞花序，花径2～3cm，花色有紫红、大红、粉红、纯白、复色等，单瓣或重瓣，先端锯齿状，微具香气。

石竹株型低矮，叶丛青翠，盛开时瓣面如碟闪绒光，绚丽多彩。又因其茎具节，膨大似竹，故名。

石竹在中国栽培历史悠久，明《花史》载"石竹花须每年起根分种则茂"，扼要地介绍了石竹宜经常分栽的特征。清《花镜》也提到"枝叶如苕，纤细而青翠"。

宋代王安石爱慕石竹之美，又怜惜它不被人们所赏识，写下《石竹花二首》，其中之一"春归幽谷始成丛，地面芬敷浅浅红。车马不临谁见赏，可怜亦解度春风"。

用途　可用于花坛、花境、花台或盆栽，也可用于岩石园和草坪边缘点缀。大面积成片栽植时可作景观地被材料。本种有吸收二氧化硫和氯气的本领，凡有毒气的地方可以多种。切花观赏亦佳。全草或根入药，具清热利尿、破血通经之功效。

繁殖及栽培管理　常用播种、扦插和分株繁殖。

石竹为植物园春季花坛、花境草花。花期4～10月，集中于4～5月。植物园有20多个栽培品种。

瞿 麦
Dianthus superbus

科　属	石竹科石竹属
英文名	Fringed Pink
别　名	野麦、竹节草

原产欧洲及亚洲温带，我国秦岭有野生。生于海拔400～3700m丘陵山地疏林下、林缘、草甸、沟谷溪边。

形态特征　多年生草本，高30～40cm。茎丛生，直立，上部分枝。叶对生，线形至线状披针形。花单生或数朵集成疏聚伞花序；萼细长，圆筒状；花瓣多为淡粉、白色，少有紫红色，长4～5cm，先端深细裂成丝状，喉部具丝毛状鳞片；有香气。

瞿麦茎上有黏汁，触摸粘手。此种黏汁的生物学特性是维护茎上部的花，当昆虫之类沿茎上行时，会被粘住无法行进，上部的花朵得免于害。

瞿麦花语为一直爱我。

用途　用于花坛、切花或盆栽。全草入药，有清热、利尿、破血通经功效。也可作农药，能杀虫。瞿麦为植物园春季花坛、花境草花。花期4月下旬至5月上旬。

鹅肠菜
Myosoton aquaticum

科　属　石竹科鹅肠菜属
英文名　Water Star Wort
别　名　鹅肠草、牛繁缕、石灰菜、鹅儿肠

产我国南北各省。北半球温带及亚热带以及北非也有。生于荒地、路旁及较阴湿的草地。

形态特征　2年生或多年生草本，全株光滑，仅花序上有白色短软毛。茎多分枝，柔弱，下部伏地生根，上部斜生。叶对生，卵形或宽卵形，顶端锐尖，基部心形，全缘而稍呈波状。顶生二歧聚伞花序，花梗细长，有毛，花后下垂；萼片5，基部略合生。花瓣5，白色，顶端2深裂几达基部，裂片线形或披针状线形；雄蕊10，稍短于花瓣；花柱短，线形。

用途　幼苗可作野菜和饲料。全草供药用，内服驱风解毒，外敷治疔疮，新鲜苗捣汁服，对产妇有催乳作用。

鹅肠菜为植物园野生地被。始花期4月下旬。

芍 药
Paeonia lactiflora

科　属　芍药科芍药属
英文名　Peony, Common Garden Peony, Chinese Peony
别　名　将离、婪尾春、余容、没骨花、白术、梨食

　　原产中国、日本及西伯利亚。性耐寒，在我国北方可露地越冬；夏季喜冷凉气候；要求土层深厚肥沃而又排水良好的壤土或沙壤土，不耐盐碱和水涝。

　　形态特征　多年生草本，高1m左右。初出叶红色，基部为单叶，其余为2回3出羽状复叶，长20～40cm；小叶通常3深裂，椭圆形、狭卵形、披针形；叶背多粉绿色。花单生，具长梗，着生于茎顶或近顶端叶腋处，偶有2～3朵花并出的。花大，径可达10～20cm。原种花外轮萼片5枚，绿色；花瓣5～10枚，白色或粉红色。栽培品种繁多，花色丰富，有白、黄、绿、红、紫、紫黑、混合色等。

　　芍药在中国已有2000多年的栽培历史。据考证汉时长安地区就有栽培。盛产芍药的地区常随朝代的变更而变迁，隋唐后是扬州，极盛于宋。刘攽的《芍药谱》曰："天下名花，洛阳牡丹，广陵（即扬州）芍药，为相牟埒（liè）。"陈淏子的《花镜》中曰"芍药唯广陵者为天下最"。宋朝以来有关芍药的著作中都十分推崇扬州芍药，到了明朝，芍药栽培中心转移到了安徽亳州，清朝又转到山东曹州（今山东菏泽），后又转至北京丰台一带。《帝京岁时记胜》载："丰台芍药甲于天下。"

　　古人评花：牡丹第一，芍药第二，谓牡丹为花王，芍药为花相。因为它开花较迟，故又称为"殿春"。宋·苏轼《题赵昌芍药》诗曰："倚竹佳人翠袖长，天寒犹着薄罗裳。扬州近日红千叶，自是风流时世妆。"

用途　芍药花大色艳，品种丰富，在园林中常成片种植，花开时十分壮观，是近代公园中或花坛上的主要花卉。又是重要的切花，或插瓶，或作花篮。根皮称白芍，有镇痛和解热的功效。

　　繁殖及栽培管理　播种、扦插和分株繁殖。分株法简便易行，时间以秋季为好。农谚有"春分分芍药，到老不开花"。株丛分栽的年限因栽培目的的不同而异。作花坛、花境、切花栽培的，6～7年分株一次。播种法：选择优良的植株，适时采摘微微开裂的蓇葖果，随采随播，常规播种9月中、下旬，栽培管理4～5年开花。

　　芍药栽植于植物园牡丹园。部分早花品种5月上旬可开花。如'乌龙集盛'、'沙金贯顶'、'绚丽多彩'、'青莲望月'等。

'青莲望月'
Paeonia 'Qinglian Wangyue'

'沙金贯顶'
Paeonia 'Shajin Guanding'

　　花白色，皇冠型，外瓣圆整，略上卷，内瓣直立，端部残留少量黄色花药，如散落的金沙，故名；成花率中，花期早；株型矮，茎细直，叶黄绿，生长势强，传统品种。

'乌龙集盛'
Paeonia 'Wulong Jisheng'

　　又名铁杆紫。花墨紫色，皇冠型，有时呈蔷薇型，瓣质硬，平展，有光泽，成花率高，花期早；株型中，茎细硬，暗紫红色，叶深绿，生长势中，传统品种。

'绚丽多彩'
Paeonia 'Xuanli Duocai'

　　花复色，托桂型，外瓣两轮，红色，内瓣浅红色，间有紫色瓣，故名，成花率高，花期早；株型中，茎细硬，叶浅绿，生长势中。

牡丹
Paeonia suffruticosa

科　属　芍药科芍药属
英文名　Tree Peony，Mudan，Moutan
别　名　花王、百两金、鹿韭、木芍药、洛阳花、富贵花

喜光，耐寒，喜凉爽，畏炎热，要求疏松、肥沃、排水良好的中性壤土或沙壤土。

形态特征　落叶灌木，高1～2 m。2回3出复叶互生，小叶3～5裂；花单生枝端，颜色有白、黄、粉、红、紫红、紫、墨紫（黑）、雪青（粉蓝）、绿、复色等色；有单瓣、复瓣、重瓣和台阁型花。聚合蓇葖果，密生黄褐色毛。

牡丹是我国特有的木本名贵花卉，花大色艳、雍容华贵、富丽端庄、芳香浓郁，而且品种繁多，素有"国色天香"、"花中之王"的美称，长期以来被人们当做富贵吉祥、繁荣兴旺的象征。

中国牡丹栽培的历史，形成以黄河中、下游为主要栽培中心，其他地区为次栽培中心或重要栽培地的格局。随着朝代的更迭，牡丹栽培中心随之变换，但主要栽培中心始终位于黄河中、下游地区。其转移过程如下表所示。这是中国牡丹品种群形成和发展的主线。除此之外，还有几个发展中心：一是长江三角洲、太湖周围及皖东南；二是四川盆地西北隅的成都、彭州；三是甘肃的兰州、临夏；四是广西的灌阳。

朝代	隋	唐	五代	北宋	南宋	明	清
年代	581～618	618～907	907～960	960～1127	1127～1279	1368～1644	1644～1911
栽培中心	洛阳	长安	洛阳	洛阳	天彭	亳州	曹州（菏泽古称）

武则天与牡丹的传说　武则天当了皇帝，有一年冬天，至上苑饮酒赏雪，酒后在白绢上写了一首五言诗："明朝游上苑，火速报春知。花须连夜放，莫待晓风吹。"写罢，她叫宫女拿到上苑焚烧，以报花神知晓。诏令焚烧以后，吓坏了百花仙子。第二天，除牡丹外，其余花都开了。武则天见牡丹未开，大怒之下，一把火将众牡丹花烧为焦灰，并将别处牡丹连根拔出，贬出长安，扔至洛阳邙山。洛阳邙山沟壑交错，偏僻凄凉。武则天将牡丹扔到洛阳邙山，欲将牡丹绝种。谁知牡丹在洛阳邙山长势良好，人们纷纷来此观赏牡丹。

唐代，牡丹诗大量涌现，刘禹锡的"唯有牡丹真国色，花开时节动京城"，脍炙人口；李白的"云想衣裳花想容，春风拂槛露华浓"，千古绝唱。宋代开始，除牡丹诗词大量问世外，又出现了牡丹专著，诸如欧阳修的《洛阳牡丹记》、陆游的《天彭牡丹谱》等。元姚遂有《序牡丹》，明人高濂有《牡丹花谱》，王象晋有《群芳谱》，清人汪灏有《广群芳谱》。散见于历代种种杂著、文集中的牡丹诗词文赋，遍布民间花乡的牡丹传说故事，以及雕塑、雕刻、绘画、音乐、戏剧、服饰、起居、食品等方面的牡丹文化现象，屡见不鲜。

人民币上富贵吉祥图   拾元人民币（第四套）上凤凰牡丹图案，是借助南北朝时期的石刻凤鸟的形象，凤凰展翅，飞入牡丹花丛，嘴采花露，灵动奔放，华丽高雅。凤凰与牡丹组成的图案，使人想到"百鸟之王"与"百花之王"的组合，意在祝福伟大的祖国繁荣昌盛，家庭美满幸福。

国家邮电部于1964年8月5日设计发行特种邮票，志号为"特61"，共计15枚，由邵柏林设计，特约设计田世光，同日发行一枚小型张，由卢天骄设计。其中涉及的牡丹品种为：胜丹炉、昆山夜光、葛巾紫、赵粉、姚黄、二乔、冰凌罩红石、墨撒金、朱砂罍（léi，古时一种盛酒的器具，形状像壶）、蓝田玉、御衣黄、胡红、豆绿、魏紫和醉仙桃。台湾省于1994年发行花卉邮票，其中牡丹邮票选用的是清代画家邹一桂的"状元红"和"汉宫春"墨写牡丹。

用途   牡丹可在公园和风景区建立专类园，在古典园林和居民院落中筑花台种植，在园林绿地中自然式孤植、丛植或片植，也适于布置花境、花坛、花带、盆栽观赏。根皮（即丹皮）入药，常用作通经药和强健剂；花瓣可酿酒。

繁殖及栽培管理   常用分株和嫁接法繁殖，也可播种和扦插繁殖。栽培上应注意防涝，栽植地宜干燥，并有半阴处。

牡丹栽植于植物园牡丹园，该园位于卧佛寺路西侧，南邻温室区，北接海棠栒子园，是北方最大的牡丹专类园。该园于1980年动工兴建，1983年建成并对外开放。面积7公顷，栽植牡丹6000余株500余个品种。观赏牡丹是我国人民的传统喜好，牡丹花期为4月中下旬至5月上旬，每年五一前后，是植物园观赏牡丹的最好时节。

牡丹和芍药的区别

种名	形态	花期	美称	叶片颜色	花色
牡丹	木本	4月中下旬	花王	偏灰绿	丰富
芍药	草本	5月上中旬	花相	较有光泽	相对较少

牡丹品种介绍

中原品种：

'藏枝红'
Paeonia 'Cangzhi Hong'

皇冠型，紫红色，株型矮、开展，早花品种。

'春红争艳'
Paeonia 'Chunhong Zhengyan'

荷花型，浅红色，株型矮、直立，早品种。

'丛中笑'
Paeonia 'Congzhongxiao'

　　菊花型，浅银红色，株型中高、直立，中花品种。

'豆绿'
Paeonia 'Dou Lv'

　　皇冠型或绣球型，花蕾长尖，初开青绿色，盛开渐淡，如青豆色，故名。花瓣质厚肥润，排列紧密。株型较矮，晚花品种，花期特长。

'阿房宫'
Paeonia 'E'fang Gong'

　　中原品种。

'二乔'

Paeonia 'Erqiao'

蔷薇型，复色，同株、同枝可开紫红、粉白两色花朵，或同一朵花上紫红和粉白两色同在。株型高、直立。

'粉荷飘香'

Paeonia 'Fenhe Piaoxiang'

荷花型，粉色，株型中、半开展，早花品种，植物园最早开花的牡丹品种。

'凤丹白'

Paeonia 'Fengdanbai'

单瓣型，白色，株型高、直立，早花品种。

'凤凰山'

Paeonia 'Fenghuangshan'

　　早花品种。

'富贵满堂'

Paeonia 'Fugui Mantang'

　　菊花型，粉红色略带蓝，株型中、半开展，中花品种。

'观音面'

Paeonia 'Guanyinmian'

　　皇冠型，有时开单瓣型、荷花型及托桂型，粉白色，株型高、直立，早花品种。

'贵妃插翠'
Paeonia 'Guifei Chacui'

　　千层台阁型，粉红色，株型高、直立、中花品种。雌蕊柱头瓣化成绿色，有如美人头上插了翠簪，更显娇艳。

'胡红'
Paeonia 'Huhong'

　　皇冠型，有时呈荷花型或托桂型，银红色，株型中、半开展，晚花品种。花型优美，饱满圆正，鲜洁透亮，富丽堂皇。

'昆山夜光'
Paeonia 'Kunshan Yeguang'

　　为牡丹中的特殊品种。属于高度瓣化的类型，称千层台阁型。花色洁白，光彩照人，特别是在月光之下，更显得洁白无瑕。

'蓝田玉'
Paeonia 'Lantian Yu'

皇冠型，外大瓣3轮，内轮瓣碎小，瓣基紫红色。花粉色微蓝，花瓣留有黄色的花药痕迹。株型矮、半开展，中晚花品种。

'玫瑰红'
Paeonia 'Meigui Hong'

菊花型、紫红色，株型中、直立，中花品种。

'青山贯雪'
Paeonia 'Qingshan Guanxue'

中原品种。

'珊瑚台'

Paeonia 'Shanhutai'

绣球型，银红色，株型矮、半开展、中早花品种。

'少女裙'

Paeonia 'Shaonv Qun'

蔷薇型，粉红色微紫，株型高、直立，中晚花品种。

'似荷莲'

Paeonia 'Sihelian'

荷花型，粉紫色，株型高、直立，早花品种。

'乌龙捧盛'

Paeonia 'Wulong Pengsheng'

千层台阁型、紫红色、株型高、半开展、中花品种。

'银红焕彩'

Paeonia 'Yinhong Huancai'

台阁型、银红色、株型中、直立、中花品种。

'璎珞宝珠'

Paeonia 'Yingluo Baozhu'

楼子台阁型、银红色、株型矮、半开展、晚花品种。

'玉楼点翠'
Paeonia 'Yulou Diancui'

　　楼子台阁型，白色，株型高、开展，晚花品种。

'脂红'
Paeonia 'Zhihong'

　　又称'胭脂红'。千层台阁型、红花系列，株型中高、开展，中花品种。

'种生红'
Paeonia 'Zhongsheng Hong'

　　又名火炼金丹。

'状元红'
Paeonia 'Zhuangyuan Hong'

　　花为金环型，紫红色，外瓣2～3轮，长圆形，内瓣稍有稀疏，内外瓣之间有一轮正常的雄蕊。

'紫娇'
Paeonia 'Zi Jiao'

　　中原品种。

'紫金荷'
Paeonia 'Zi Jinhe'

　　荷花型、紫红色，株型中、半开展、早花品种。

日本品种：

'白播龙'
Paeonia 'Bai Bolong'

日本品种。

'花競'
Paeonia 'Hanakisoi'

蔷薇型，粉红色，株型中、直立，中晚花品种。

'鹤莲'
Paeonia 'He Lian'

日本品种。

'鹤羽'
Paeonia 'He Yu'

日本品种。

'黑锦魁'
Paeonia 'Hei Jinkui'

日本品种。

'岛锦'
Paeonia 'Shima-nishiki'

日本品种。

'岛之藤'

Paeonia 'Shimano-fuji'

日本品种。

'新国色'

Paeonia 'Shinkokushoku'

日本品种。

'新花大臣'

Paeonia 'Shinshimadaijin'

日本品种。

'天衣'
Paeonia 'Ten'i'

日本品种。

'八重樱'
Paeonia 'Yaezakura'

日本品种。

'吉野川'
Paeonia 'Yoshinogawa'

日本品种。

欧美品种：

'正午'

Paeonia 'High noon'

　　欧美牡丹。

'金阁'

Paeonia 'Souvenier de Maxime Cornu'

　　绣球型、黄色、瓣端橘红色、株型矮、开展、晚花品种。

马络葵
Malope trifida

科　属　锦葵科马络葵属

原产西班牙及北非。喜温暖、向阳的环境。喜光，耐寒，喜湿润，不耐酷暑，忌涝，怕干旱，不择土壤，但以沙壤土为宜。

形态特征　1～2年生草本，直立，多分枝，株高约70cm。叶互生，上半部呈浅裂，有锯齿，具长柄，略带紫红色。花单生叶腋，花瓣5枚、红色，基部红紫色，花冠下具3个心形离生苞片。变种有白或玫红色。

用途　马络葵开花时，整体观赏效果好。可布置花坛、花境或盆栽观赏。水养良好，可作切花。

繁殖及栽培管理　播种繁殖，亦可分株繁殖。9月初播种，翌年5月开花。北方早春温室播种，花期可延伸入夏。生长期摘心，能促进分枝，开花繁茂。

马络葵为植物园春季花坛、花境草花。5月上旬始花，可延续至6月。

紫花地丁
Viola chinensis

科　属	董菜科董菜属
英文名	Chinese Violet, Nakepetal Violet
别　名	箭头草、独行虎、羊角子、米布袋、铧头草

原产中国、日本等地。分布于田埂、路旁和圃地中。性强健，耐寒，耐旱，对土壤要求不严，在半阴条件下表现出较强的竞争性，除羊胡子草外，其他草本植物很难侵入。在阳光下可与许多低矮的草本植物共生。

形态特征　多年生草本，高4～14cm。叶基生，叶片狭长，长圆形或长圆状披针形，基部截形或楔形，边缘具圆齿，叶柄具狭翅。萼片5，卵状披针形，基部附属物短；花瓣5，董紫色或淡紫色，稀呈白色，喉部色较淡并带有紫色条纹；距细管状，直或稍上弯。

紫花地丁比早开董菜开花晚约1周左右，当早开董菜花谢之时，紫花地丁正在怒放。早开董菜叶片较宽，长圆卵形，下花瓣的距较粗；而紫花地丁叶片狭长披针形或卵状披针形，下花瓣的距较细，萼片附属物短。

古希腊有个神话，说的就是紫花地丁的故事：传说河川之神伊儿长得很美，连美神都为之倾倒，想要接近伊儿，但是，无奈众神之神宙斯说什么也不肯割爱。美神小声地呼唤伊儿，两人经常在草原上快乐地玩乐聊天。不巧，有一回被宙斯之妻赫拉看到了，伊儿便匆匆忙忙地变成小牛躲了起来。美神为了让小牛吃草而创造了紫花地丁的草。但是，当宙斯从赫拉那儿知道了事情的真相后，就生气地把伊儿变成了星星。悲伤的美神日夜不停地思念伊儿，为了怀念伊儿的美，又在草上增加了一种美丽的花朵，像星星一样散落在山野，这就是紫花地丁的花朵了。它的花语就是诚实。

用途　可成片植于林缘下或向阳的草地上，也可与其他草本植物，如野牛草、蒲公英等混种，形成美丽的缀花草坪。叶可制青绿色染料。外用可取新鲜紫花地丁捣烂外敷疮痈局部，治跌打损伤、痈肿、毒蛇咬伤等。

繁殖及栽培管理　播种或分株法繁殖。在华北地区能自播繁衍。

紫花地丁为植物园野生地被。花期4月上旬至5月下旬。植物园还有同属植物北京董菜（*V. pekinensis*）、裂叶董菜（*V. dissecta*）和犁头菜（*V. japonica*）。

角 堇
Viola cornuta

科　属　堇菜科堇菜属

英文名　Horned Sepal Violet

原产北欧、西班牙比利牛斯山。喜凉爽环境，忌高温，耐寒性强。

形态特征　多年生草本，常作1年生栽培。株高10～30cm，茎较短而直立，花径2.5～4cm，距细长。同属品种约有500种，园艺品种较多，花有堇紫色、大红、橘红、明黄及复色，近圆形。花期因栽培时间而异。角堇与三色堇花形相同，但花径较小，花朵繁密。

角堇同三色堇相比，有生育期短、耐热性好的优点。一般三色堇品种的生育期是15～17周，而角堇的生育期为13～15周，比三色堇的花期提前了2周。角堇的耐热性要强于三色堇。角堇为栽培三色堇的重要亲本。

用途　角堇株形较小，花朵繁密，开花早、花期长、色彩丰富，是布置早春花坛的优良材料，也可用于大面积地栽而形成独特的园林景观，家庭常用来盆栽观赏。

繁殖及栽培管理　多用播种繁殖。

角堇为植物园春季花坛、花境草花。花期4月中旬至6月。

'黑美人'角堇
V. cornuta 'Hei Mei Ren'

'黄金橘'角堇
V. cornuta 'Huang Jin Ju'

'蓝精灵'角堇
V. cornuta 'Lan Jing Ling'

'紫珊瑚'角堇
V. cornuta 'Zi Shan Hu'

三色堇
Viola tricolor

科　属	堇菜科堇菜属
英文名	European Wild Pansy，Miniature Pansy，Field Pansy
别　名	人面花、猫儿脸、蝴蝶花、鬼脸花

原产欧洲西南部，现广为栽培。较耐寒，喜凉爽或温暖，略耐半阴，忌高温多湿，喜肥沃、湿润的沙质壤土。

形态特征　多年生草本，常作1年生栽培。基生叶有长柄，叶片近心脏形，茎生叶较狭长，边缘浅波状，托叶大，基部羽状深裂。花大，腋生，花5瓣，4个分两侧对称排列，花瓣有距，向后伸展，状似蝴蝶，通常每朵花有蓝紫、白、黄3色或单色；花瓣近圆形，覆瓦状排列。栽培品种很多。

'白蝴蝶'三色堇
V. tricolor 'Bai Hu Die'

三色堇因花有3种颜色对称地分布在5个花瓣上，构成的图案，形同猫的两耳、两颊和一张嘴，花瓣中央还有一对深色的"眼"，故又名猫儿脸、鬼脸花、人面花。又因整个花被风吹动时，如翻飞的蝴蝶，所以又有蝴蝶花的别名。三色堇花的色彩、品种比较繁多。除一花三色者外，还有纯白、纯黄、纯紫、紫黑等。另外，还有黄紫、白黑相配及紫、红、蓝、黄、白多彩的混合色等。

很久很久以前，据说堇菜花是纯白色的，像天上的云。顽皮的爱神丘比特是个小顽童，他手上的弓箭具有爱情的魔力，射向谁，谁就会情不自禁地爱上他第一眼看见的人。可惜，爱神既顽皮，箭法又不准，所以人间的爱情故事常出错。这一天，爱神又找到一个倒霉鬼，准备拿他来射箭。谁知道箭一射出，忽然一阵风吹过来，这支箭竟然射中白堇菜花。白堇菜花的花心流出了鲜血与泪水，这血与泪干了之后再也抹不去了。从此白堇菜花变成了今日的三色堇，这是神话故事中三色堇的由来。

用途　多用作布置花坛，亦可盆栽。可杀菌，治疗皮肤上青春痘、粉刺、过敏问题。《本草纲目》详细记载了三色堇的神奇去痘功效："三色堇，性表温和，其味芳香，引药上行于面，去疮除疤，疮疡消肿。"

繁殖及栽培管理　播种繁殖为主，也可扦插或压条繁殖。适应性强、管理粗放。日照长短对三色堇开花的影响较大，短日照条件下开花不佳。天热时易徒长，植株易倒伏。

三色堇为植物园春季花坛、花境草花。花期4月中旬至6月。

夏堇、角堇、三色堇的区别

种名	夏堇 (*Torenia fournieri*)	角堇	三色堇
科	玄参科	堇菜科	堇菜科
茎	四棱状	圆	圆
叶	对生	互生	互生
花	合瓣	离瓣	离瓣
花径(cm)	2～3	2～4	4～11
花期	6～10月	4～6月	4～6月
生育期	12周	13～15周	15～17周

'白双蝴蝶' 三色堇
V. tricolor 'Bai Shuang Hu Die'

'红霞' 三色堇
V. tricolor 'Hong Xia'

'黄橙' 三色堇
V. tricolor 'Huang Cheng'

'黄袍' 三色堇
V. tricolor 'Huang Pao'

'蓝光' 三色堇
V. tricolor 'Lan Guang'

'紫罗兰' 三色堇
V. tricolor 'Zi Luo Lan'

四季秋海棠
Begonia × semperflorens

科　属	秋海棠科秋海棠属
英文名	Bedding Begonia, Wax Begonia
别　名	四季海棠、玻璃海棠、瓜子海棠、洋海棠

　　原产巴西低纬度高海拔地区，自然生长于热带和亚热带林下湿润的地方。性喜温暖、湿润和半阴环境，不耐暴晒，忌高温及渍涝，不耐寒。

　　形态特征　　多年生常绿草本。茎直立，肉质，光滑；叶互生，有光泽，卵形或卵圆形，边缘有锯齿，基部偏斜，有绿、古铜、深红或绿带紫晕等变化。聚伞花序腋生，花单性，雌雄同株，花色有红、粉、白等，雄花较大，花瓣2片，宽大，萼片2片，较窄小，雌花稍小，花被片5。

　　本种园艺品种甚多，株型有高种和矮种。花形有单瓣和重瓣。花色有红、白、粉红以及复色等。其中以重瓣、粉红花为最雅。

　　四季秋海棠花叶俱美，四时常开，清丽素雅，别有佳趣。正如清代张从宁的《咏四季海棠》诗曰："软渍红酥百媚生，嫣然一笑欲倾城。不需更乞春荫护，绿叶低遮倍有情。"

　　用途　　四季秋海棠其花、叶美丽娇嫩，品种繁多，四季有花，是良好的盆栽花卉。由于比较耐阴，体形也较小，开花时更适合用来美化居室。在温暖地区可露地栽培越冬，用于街道两侧的美化，道路中心区布置大型花坛及花墙，以不同品种作大色块布置取胜。

　　繁殖及栽培管理　　用播种、扦插等法繁殖。重瓣品种不易采种，多以扦插营养繁殖，市售品种几乎都是杂交F1品种，性强健。生长期需经常喷雾。

　　四季秋海棠为植物园春季花坛、花境草花。始花期4月中旬，可延续数月。

小叶杨
Populus simonii

科　属　杨柳科杨属
英文名　Simon Poplar
别　名　南京白杨

产于中国和朝鲜。喜光，喜湿，耐瘠薄，耐干旱，也较耐寒，适应性强，山沟、河滩、平原以及短期积水地带均可生长。

形态特征　落叶乔木，高达20m。小枝红褐或黄褐色，具棱；叶卵形、菱状倒卵形、菱状椭圆形，先端短渐尖，基部楔形，缘具细锯齿，长5~10cm，两面无毛。雌雄异株，雌雄花均为柔荑花序，雄花花序深红色，苞片边缘条裂，先叶开放。

唐·张乔在《杨花落》中写道："东园桃李芳已歇，犹有杨花娇暮春。"苏轼在《水龙吟》中咏杨花道："似花还是非花，也无人惜从教坠。抛家路旁，思量却是，无情有思。"苏轼以拟人手法，写杨花犹如佳人思春，出神入化，惟妙惟肖，已成绝唱。正是苏轼这首词，才使得本不是人们着意观赏的杨花成了历代诗人吟咏的热门话题。

用途　树形美观，叶片秀丽，生长快速，适应性强，是良好的防风、固沙、保土及绿化树种。木材轻软，纹理直，结构细，可供建筑、桥梁、家具、造纸等用材。

繁殖及栽培管理　扦插繁育为主，也可播种育苗。栽培无特殊要求。

小叶杨栽植于植物园木兰小檗区。花期3月中旬至下旬。

银芽柳
Salix leucopithecia

科　属　杨柳科柳属
英文名　Silver-bud willow
别　名　棉花柳、银柳

原产日本，我国沪、宁、杭一带有栽培。喜光，喜湿润，耐阴，耐湿，较耐寒，好肥，适应性强，在土层深厚、湿润肥沃的环境中生长良好。北京可露地过冬。

形态特征　落叶灌木，高2~3m。小枝绿褐色，具红晕，新枝有绢毛。单叶互生，披针形，缘具细锯齿，背面密被白毛，半革质。雄花序椭圆柱形，长3~6cm，早春叶前开放，初开时花序密被银白色绢毛。

银芽柳雌雄异株，花芽肥大，每个芽有一个紫红色的苞片，具光泽。柔荑花序，苞片脱落后，即露出银白色的未开放花序，形似毛笔，颇为美观。3月中旬赏芽，3月下旬观花。

用途　银芽柳银色花序十分美观，为观芽植物，水养时间持久，适于瓶插观赏，是春节主要的切花品种，多与一品红、水仙、山茶花、蓬莱松叶等搭配，表现出朴素、豪放的风格，极富东方艺术的意味。银芽柳瓶插多另配南天竹及蜡梅花枝，形成白、红、黄相映成趣。长江中下游各地，尤以上海每逢春节期间，家家户户均自行配插于瓶中置于案头欣赏。银芽柳在园林中常配植于池畔、河岸、湖滨、堤防绿化。

繁殖及栽培管理　选择雄株进行扦插繁殖，栽培后每年须重剪，以促其萌发更多的开花枝条。

银芽柳栽植于植物园中湖南岸，花期3月下旬。

桂竹香
Cheiranthus cheiri

科　属　十字花科桂竹香属
英文名　Common Wallflower, English Wallflower
别　名　香紫罗兰、黄紫罗兰

原产南欧，现各地普遍栽培。性较耐寒，喜冷凉干燥气候，畏涝忌热，喜向阳地势和排水良好、疏松肥沃的土壤。在长江流域可露地越冬，在北方需低温温室或冷床越冬。

形态特征　多年生草本花卉，常作2年生栽培，株高20～60cm。茎直立，多分枝，基部半木质化。叶互生，披针形，全缘。总状花序顶生，花径2～2.5cm，萼片4，基部囊状，花瓣4，具长爪，黄或黄褐色相间，芳香。栽培品种很多，有白、黄、橙黄、大红、深红、紫色等。

桂竹香的花语为深情、关爱。

用途　桂竹香花色艳，香味浓，可布置花坛、花境，又可作盆花，还可作切花。

繁殖及栽培管理　播种或扦插繁殖。播种繁殖宜在秋季8月份进行，太迟第二年不易开花。栽培品种及重瓣品种需采用嫩枝扦插繁殖。

桂竹香为植物园春季花坛、花境草花。始花期4月下旬,可持续至6月。植物园还有同属植物'博爱'桂竹香 (*C. cheiri* 'Charity')、'猩红博爱'桂竹香 (*C. cheiri* 'Charity Scarlet')。

播娘蒿
Descurainis sophia

科　属　十字花科播娘蒿属

英文名　Sophia Tansymustard

除华南外全国各地均产。亚洲、欧洲、非洲及北美洲均有分布。生于山坡、田野及农田。

形态特征　1年生草本，高20～80cm。茎直立，多分枝，常于下部呈淡紫色。叶3回羽状深裂，末端裂片条形或长圆形，下部叶具柄，上部叶无柄。花序伞房状，果期长；花淡黄色。长角果圆筒状。种子长圆形，单红褐色，有细网纹。

用途　种子含油达40%，用于工业，并可食用，亦作药用，为葶苈子的一种，有祛痰定喘，利尿消肿的效用。

播娘蒿为植物园野生地被。花期4月下旬。

屈曲花
Iberis amara

科　属　十字花科屈曲花属
英文名　Candytuft, Rocket Candytuft, Common Annual
别　名　岩生屈曲花、珍珠球

原产地中海沿岸伊比利亚半岛；现我国各地栽培。较耐寒，喜向阳地势，喜凉爽，不耐酷热，怕湿，对土壤要求不严。

形态特征　1年生草本，高10～40cm。茎直立，稍分枝，有棱。茎下部叶匙形，上部叶披针形或长圆状楔形，顶端圆钝，基部渐狭，上部每边有2～4疏生锯齿，下部全缘。总状花序顶生，呈拱球形，花梗丝状，伸展或上伸；花大，白色，常带粉红色，芳香。

屈曲花白色、粉红的小花盛开如伞，似清纯少女般可爱。因有很强的向阳性，花茎总是弯曲朝着太阳的方向，故有"屈曲花"之名。花语为心灵的诱惑。

用途　极具野趣的冷色调小花，生命力、自播力极强，可通过调节播种时间来控制花期，使得它和别的花卉有很好的相容性，适合于各类野花组合中应用。适宜布置花坛、花境，也可盆栽。

繁殖及栽培管理　播种繁殖。管理粗放，适当施肥、浇水即可开花良好。

屈曲花为植物园春季花坛、花境草花。花期4月中旬。

板蓝根
Isatis indigotica

科　属　十字花科菘蓝属
英文名　Indigowoad Root
别　名　菘蓝、唐本草、靛青根、蓝靛根、靛根

主产河北、北京、黑龙江、河南、江苏、甘肃。

形态特征　主根深长，外皮灰黄色。茎直立，高40～90cm。叶互生，基生叶较大，具柄，叶片长圆状椭圆形，茎生叶长圆形至长圆状倒披针形，在下部的叶较大，渐上渐小，先端钝尖，基部箭形，半抱茎，全缘或有不明显的细锯齿。阔总状花序，花小，直径3～4mm，无苞，花梗细长；花萼4，绿色；花瓣4，黄色，倒卵形。

用途　板蓝根可入药，清热解毒、凉血，治流感、肺炎、丹毒、热毒发斑、咽肿等；可防治流行性乙型脑炎、急慢性肝炎、流行性腮腺炎、骨髓炎。叶还可提取蓝色染料；种子榨油，供工业用。

板蓝根为宿根花卉，栽植于植物园药草园。花期4月下旬。

紫罗兰
Matthiola incana

科　属　十字花科紫罗兰属
英文名　Common Stock Violet，Violet
别　名　草桂花、四桃克

原产欧洲南部，地中海沿岸。现各地普遍栽培。喜凉爽气候，需疏松肥沃、富含腐殖质、土层深厚而又排水良好的沙质壤土，忌炎热多湿环境。

形态特征　2年生或多年生草本，株高30～60cm，全株被灰色星状毛。茎直立，基部稍木质化。叶互生，长圆形至倒披针形，全缘，灰绿色。总状花序，顶生或腋生，花梗粗壮，具芳香；花瓣4枚，倒卵形，铺展为十字形，径约2cm，花紫红、淡红、淡蓝色或白色。

据希腊神话记述，主管爱与美的女神维纳斯，因情人远行，依依惜别，晶莹的泪珠滴落到泥土上，第二年春天竟然发芽生枝，开出一朵朵美丽芳香的花来，这就是紫罗兰。紫罗兰的花语为永恒的美、信任、宽容、盼望。

拿破仑独钟情于紫罗兰。他的追随者们把它作为拿破仑派的标志。1815年3月20日，当紫罗兰在法国南方开出第一批花朵时，拿破仑成功地逃出厄尔巴岛，回到他的崇拜者中间。他们迎接他时，不住地高呼："欢迎您，紫罗兰之父！"此时，人们手里举着紫罗兰，头上插着紫罗兰，所有的商店、公用建筑乃至家家户户都用紫罗兰装饰起来了，希望这春天的花能给他们带来好运，让拿破仑重新称霸欧洲。拿破仑失去皇位后，在被押解到圣海伦岛去之前的一个星期，突然念起约瑟芬的旧情，最后一次到马里美宁城堡去为她扫墓，并在墓前种了一丛终年开花的名贵紫罗兰。拿破仑死后，人们在他从未离身的金首饰盒里发现了两样东西：两朵枯萎的紫罗兰和一绺浅栗色的头发。后者是他爱子的胎发，而前者是他与约瑟芬的定情之物。

用途　紫罗兰花期长，花序也长，是春季花坛的主要花卉。又是重要的切花，是欧洲人特别喜爱的花卉，是欧洲名花之一。

繁殖及栽培管理　播种繁殖。在18～22℃条件下7～10天发芽。

紫罗兰为植物园春季花坛、花境草花。始花期4月中旬，可持续至5月。

二月兰
Orychophragmus violaceus

科　属　十字花科诸葛菜属
英文名　Violet Orychophragmus
别　名　诸葛菜、菜子花

原产我国东北及华北地区，遍及北方各省市。耐寒性较强，耐阴性强，对土壤要求不严。常野生于平原、山地、路旁、地边或杂木林边缘。

形态特征　2年生草本，高30～50cm，有时可达70～80cm。基生叶与上部叶叶形差异较大。基生叶近圆形，具叶柄，叶缘有不整齐的锯齿状结构；下部叶羽状深裂；顶生叶肾形或三角状卵形，无叶柄；侧生叶歪卵形，有柄。总状花序顶生，花深紫色或淡紫色，花瓣4，倒卵形，具长爪，呈十字形排列；花丝白色，花药黄色。

二月兰即使在冬季的时候依然绿叶葱葱，在早春时节更是花开成片。花多为蓝紫色或淡红色，随着花期的延续，花色逐渐转淡，最终变为白色。因农历二月前后开始开花，故名。

用途　优良的地被植物，在北京属于早春的花种。宜植于林下、花径、公园、住宅小区、高架桥下。嫩茎叶为早春常见野菜，用开水焯后，再用清水漂洗去苦味，即可炒食。

繁殖及栽培管理　以种子繁殖为主。适应性强，管理相对粗放。少有病虫害。

二月兰为植物园野生地被。4月上旬始花，至5、6月陆续开花。

蔊　菜
Rorippa indica

科　属　十字花科蔊菜属（风花菜属）
英文名　Indian Rorippa
别　名　辣米菜、江剪刀草

我国南北各地均有分布，是田边、村庄、墙边、庭园间常见的野菜。

形态特征　1～2年生草本，株高20～50cm。叶形多变化，基生叶和茎下部叶具长柄，叶片通常大头羽状分裂。总状花序顶生或侧生，开花时花序轴逐渐向上延伸，花小，多数；萼片4，直立；花瓣4，鲜黄色，宽匙形或长倒卵形，基部具短而细的爪。

用途　全草、种子都可作药用，清热解毒、镇咳、利尿，用于感冒发热、咽喉肿痛、肺热咳嗽、慢性气管炎、急性风湿性关节炎。

蔊菜为植物园野生地被。花期4月下旬。

迎红杜鹃
Rhododendron mucronulatum

科 属 杜鹃花科杜鹃花属
英文名 Korean Azalea
别 名 蓝荆子、尖叶杜鹃

产我国东北及华北山地；俄罗斯、蒙古、朝鲜、日本南部也有分布。喜酸性土壤。

形态特征 落叶或半常绿灌木，高2.5m，小枝具鳞片。叶长椭圆状广披针形，长3～8cm，疏生鳞片，先端尖。花玫瑰紫色，3～6朵簇生，先叶开花，较大，花冠宽漏斗形，5裂，长达7.5cm，径3～4cm；雄蕊10。秋季叶色变红后脱落。

杜鹃花繁满枝，硕花如火，故有"花中西施"之美誉。象征"闲折两支持在手，细看不似人间有。花中此物是西施，芙蓉芍药皆嫫母"的珍贵价值。

用途 花期早而美丽，可植于庭园观赏。

迎红杜鹃栽植于植物园樱桃沟自然保护区、卧佛寺南及海棠枸子园。花期3月下旬至4月上旬，清明节前后为盛花期，叶前开花。

红枫杜鹃

Rhododenron molle × *Rhododendron schlippenbachii*

科 属 杜鹃花科杜鹃花属

形态特征 株型紧凑，冠形整齐，花色有红、橘红、黄色、白色，具有金属光泽。花朵直径可达15cm以上，夏季叶色翠绿，秋季叶色由绿转红，具有枫树的特点，故命名为红枫，迄今尚未正式命名。

多年生常绿木本植物，是北京金都丽景公司培育出的耐寒新品种，其母本为大字杜鹃（*R. schlippenbachii*），父本为羊踯躅（*R. mollex*）。

用途 经过试验，冬季可在丹东、沈阳、铁岭、北京、天津、杭州露地越冬，是优良的北方观花灌木。这一品种的出现，填补了北方园林中种植杜鹃花的空白。

繁殖及栽培管理 目前，红枫杜鹃已进入规模化生产，多家园林已经大批种植，获得了较大的经济和社会效益。2006年，沈阳世博园栽培了1万余株红枫杜鹃；2008年北京奥运会的杜鹃街栽培了1万株红枫杜鹃。

红枫杜鹃栽植于植物园紫薇园南部，数量极少。花期5月上旬。

点地梅
Androsace umbellata

科　属　报春花科点地梅属
英文名　Umbellate Rock-jasmine
别　名　喉咙草、铜钱草、白花珍珠草、天星花、清明花

各地均产。喜温暖湿润、向阳环境和肥沃土壤。北京平原和各山区均多见，常生于山野草地或路旁。

形态特征　1～2年生草本，全株有白色细柔毛。叶莲座形基生，有长柄平铺地面，半圆形至近圆形，基部浅心形，边缘有三角状锯齿。花葶自叶丛中抽出，高4～15cm，伞形花序有花4～15朵；花萼杯状，5深裂；花冠白色，喉部黄色，花瓣5裂，裂片宽卵形，与花萼等长。

点地梅花小，形似梅花。盛花时如繁星点点，一片雪白，引人驻足，细看，单朵小花更是别有姿韵。

用途　点地梅植株低矮，适宜岩石园栽植及灌木丛旁作地被材料。全草入药，清热解毒、消肿止痛，治扁桃体炎、咽喉炎、口腔炎、急性结膜炎和跌打损伤。小花也是制作压花作品的好原料。

繁殖及栽培管理　播种繁殖。种子能自播繁殖。

点地梅为植物园野生地被，散布全园。始花期4月上旬。

大花溲疏
Deutzia grandiflora

科　属　八仙花科溲疏属

英文名　Largeflower Deutzia

主产我国北部地区，朝鲜亦产。多见于山谷、道路岩缝及丘陵低山灌丛中。喜光，稍耐阴，耐寒，耐旱，对土壤要求不严。忌低洼积水。常与蚂蚱腿子混生。

形态特征　落叶灌木，高2m，小枝淡灰褐色。叶卵形至卵状椭圆形，长2～5cm，顶端渐尖，基部圆形，具不整齐细密锯齿；表面稍粗糙，疏被星状毛，具3～6辐射枝；背面密被灰白色星状毛，具6～9辐射枝，中央直立单毛；叶柄长2～3mm。花1～3朵，生于侧枝顶端，白色，直径2.5～3.7cm，花丝上部两侧有钩状尖齿；花萼被星状毛；花瓣在花蕾期镊合状排列。蒴果半球形，径4～5mm，花柱宿存。

本种是本属中最大和开花最早者，春天儿花叶同时开放，满树雪白，颇为美丽。

用途　宜植于庭园观赏，也可作山坡水土保持树种。

大花溲疏栽植于植物园碧桃园、王锡彤墓园南门外、樱桃沟自然保护区及树木区等多处。花期4月中旬。植物园还栽有重瓣大花溲疏（*D. grandiflora* var. *plena*）。

香茶藨子
Ribes odoratum

科　属　茶藨子科茶藨子属
英文名　Buffalo Currant
别　名　黄花茶藨子

原产美国中部，北京、天津等地有栽培。喜光，稍耐阴，耐寒，喜肥沃土壤。

形态特征　落叶灌木，高1～2m；幼枝密被白色柔毛。单叶互生，卵形、肾圆形至倒卵形，宽3～8cm，3～5裂，裂片有粗齿，基部截形至广楔形，表面无毛，背面被短柔毛并疏生棕褐色斑点。花两性，芳香；花萼花瓣状，黄色，萼筒细长，萼裂片5，开展或反折；花瓣5，形小，紫红色；5～10朵成松散下垂的总状花序。

用途　花芳香而美丽，宜植于庭园观赏。

繁殖及栽培管理　根萌蘖性强。

香茶藨子栽植于植物园科普馆东部、北湖北岸。花期4月上旬至中旬。

长寿花
Kalanchoe blossfeldiana

科　属	景天科伽蓝菜属
英文名	Kalanchoe
别　名	矮生伽蓝菜、圣诞伽蓝菜、寿星花

原产非洲马达加斯加。喜温暖稍湿润和阳光充足环境，不耐寒，耐干旱，对土壤要求不严，以肥沃的沙壤土为好。

形态特征　多年生肉质草本。茎直立，株高10～30cm。叶肉质交互对生，椭圆状长圆形，深绿色有光泽，边略带红色；圆锥状聚伞花序，花色有绯红、桃红、橙红、黄、橙黄和白等；花冠长管状，基部稍膨大。

长寿花的花语为大吉大利、长命百岁、福寿吉庆。

用途　长寿花植株小巧玲珑，株型紧凑，叶片翠绿，花朵密集，是冬春季理想的室内盆栽花卉。花期正逢圣诞、元旦和春节，布置窗台、书桌、案头，十分相宜。用于公共场所的花槽、橱窗和大厅等，其整体观赏效果极佳。由于名称长寿，故节日赠送亲朋好友长寿花一盆，大吉大利，长命百岁，也非常合适，讨人喜欢。

繁殖及栽培管理　扦插或组培繁殖，用肉质茎或叶片扦插。生长期每隔3～4天浇透一次水，保持盆土略湿润即可。

长寿花为植物园春季花坛、花境草花。始花期4月中旬，可延续2个月。

唐棣
Amelanchier sinica

科　属　蔷薇科唐棣属

英文名　Chinese Serviceberry

产陕西、甘肃、河南、湖北、四川等地。阳性树种，也耐半阴。多生于海拔1000～2000m的疏林内或灌丛中。喜肥沃湿润土壤，不耐水涝。

形态特征　落叶小乔木，高3～15m；小枝细长，紫褐或黑褐色。单叶互生，卵形至长椭圆形，长4～7cm，先端急尖，基部圆形或近心形，中上部有细尖齿，背脉幼时疏生长毛。总状花序多花，无毛。花白色，径3～4.5cm，花瓣5，细长，萼宿存而反折。

唐棣花开繁密，花序低垂，白花细瓣，并有香气，是一种优美的观赏树。

用途　可植于庭园观赏。果甜多汁，可鲜食或制果酱及酿酒。树皮可入药。

繁殖及栽培管理　播种繁殖。干旱季节要注意浇水。

唐棣栽植于植物园王锡彤墓园东侧。北京植物园1978年从青岛中山公园、1991年从麦积山采集唐棣种子，经繁殖成功，后栽植到园内。花期4月上旬至中旬。

红果腺肋花楸
Aronia arbutifolia

科　属　蔷薇科腺肋花楸属
英文名　Red Chokeberry
别　名　腺肋花楸

红果腺肋花楸引自美国东部。适应性强，耐旱，耐涝，耐盐碱，耐瘠薄。

形态特征　落叶灌木，高1.5～2.5m；幼枝细弱，黄棕色，有银灰色片状剥落鳞片。复伞房花序，花白色，花期20天。叶卵圆形，深绿色。浆果球形，红色，单果重1.2g，果径1.4cm，果实宿存于枝头至翌年2月。

该树种花束密集，艳丽芳香，花期较长，秋叶变红，冬季果实艳红，惹人喜爱。

2001年，辽宁省干旱地区造林研究所承担了国家林业局948项目——腺肋花楸优良种质资源及栽培与利用技术引进。2002年8月，课题组到美国威斯康星——麦迪逊大学(University of Wisconsin-Madison)园艺及植物园考察腺肋花楸栽培和利用技术现状，并通过贸易购买方式引进黑果腺肋花楸5个品种、红果腺肋花楸3个品种和紫果腺肋花楸3个品种。共获得腺肋花楸属的所有3个种的来自全球3个种源地的13个品种。

用途　珍贵的观赏树种，适于荒山、荒坡栽培，防风固沙，美化环境。果实营养丰富，果皮含有大量红色素，是制作保健品和饮料、提取食用色素的优良原料。

繁殖及栽培管理　其种子繁殖和扦插育苗较难，多采用组织培养的方法加快其繁殖和推广速度。

红果腺肋花楸栽植于植物园北湖北岸。花期4月中旬。

黑果腺肋花楸
Aronia melanocenpa

科 属 蔷薇科腺肋花楸属

英文名 Black Chokeberry

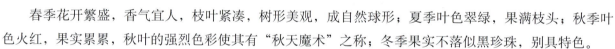

原产于美国东北部，欧洲已有100余年的引种栽培历史，俄罗斯、保加利亚、匈牙利、波兰、捷克等国家都有相当规模的栽培和相关加工产业。具较强的耐寒能力，可耐-40℃低温，一些品种可耐-46～-50℃的严寒。抗旱性较强，在降水量500mm以上地区可自然生长。

形态特征 落叶灌木，高1.5～2.5m，丛状树形。叶椭圆形，叶缘重锯齿，叶脉羽状，深绿而光滑，秋季叶色变为灿烂的红紫混合色，叶变色期20天。花为完全花，白色；小花冠径1.5cm，花萼、花瓣各5枚，花药为背着药，粉红色；复伞房花序6～8cm，由10～40朵小花组成。浆果球形，紫黑色，冬季宿存于枝头至翌年3月份。

春季花开繁盛，香气宜人，枝叶紧凑，树形美观，成自然球形；夏季叶色翠绿，果满枝头；秋季叶色火红，果实累累，秋叶的强烈色彩使其有"秋天魔术"之称；冬季果实不落似黑珍珠，别具特色。

用途 珍贵花灌木，可在家庭花园作为观赏灌木或沿高速公路密集栽植，亦可用于公园和城市美化。果黄酮、多酚含量达0.25%～0.35%，堪称百果之王。黑果腺肋花楸是集食用、药用、园林和生态价值于一身的名贵园林树种。果实提取物对治疗心脏病、高血压等心脑血管疾病有特效。

繁殖及栽培管理 易生根，各种繁殖方式均可行。不存在严重的病虫害问题。

黑果腺肋花楸栽植于植物园北湖北岸。花期4月中旬，可延续20天。

紫果腺肋花楸
Aronia prunifolia

科　属　蔷薇科腺肋花楸属

英文名　Purple Chokeberry

形态特征　落叶灌木，高1.5～2.5m，株型美丽。单叶互生，卵圆形或椭圆形，网状叶脉，叶缘微锯齿，叶面光滑。复伞房花序，花白色，直径1～1.5cm。浆果球形，紫色，豌豆大小，果实宿存于枝头至翌年2月，具有很高的观赏价值。

腺肋花楸原生地土著人和早期定居者对其非常了解。但直到20世纪早期美国才开始商业化栽培。然而，该树种在东欧和苏联得到了广泛普及和种植。第二次世界大战以前，腺肋花楸主要用作观赏植物。后来，腺肋花楸种子由德国出口到苏联。在苏联，栽培品种作为水果得到开发。腺肋花楸原始种为二倍体，而大多数的栽培品种是四倍体。

用途　广泛应用于园林绿化，晚春开奶白色的花，秋季叶色为鲜艳的火红色。抗寒性强，花期较晚，可免受晚霜危害。果汁含有高浓度花青素，与其他果汁混合性能好，是酚类、无色花色苷、黄酮醇和黄酮等物质的重要原料。这些物质对人类来说具有生物活性。

紫果腺肋花楸栽植于植物园北湖北岸。花期4月中旬。

倭海棠
Chaenomeles japonica

科　属　蔷薇科木瓜属

英文名　Japanese Flowering Quince

别　名　日本木瓜、和圆子、日本贴梗海棠

原产日本。中国各地庭院多见栽培，有白花、斑叶和平卧变种。喜光，亦耐半阴，稍耐寒，喜湿润，怕渍水烂根。

形态特征　矮灌木，高约1m，枝条广展，有细刺。叶倒卵形、匙形至宽卵形，先端圆钝，基部楔形或宽楔形，边缘有圆钝锯齿。花3～5朵簇生，花径2.5～4cm；花瓣倒卵形或近圆形，砖红色；雄蕊40～60，长约花瓣之半。果广卵形，径3～4cm，有香气。

本种花与贴梗海棠极相似，只是叶稍薄。每簇花由数朵组成，紧贴在枝上，艳丽妩媚。

用途　可植于庭院、路边、坡地，也常作盆栽，置阳台、室内观赏。果入药，与木瓜同功效。

繁殖及栽培管理　繁殖以扦插为主，在春秋进行。也常用嫁接繁殖，切接在春季进行，靠接在4月至7月进行。亦可用分株繁殖，在春秋均可进行，容易成活。亦可播种。

倭海棠栽植于植物园海棠枸子园等处；花期4月上旬。

贴梗海棠
Chaenomeles speciosa

科　属　蔷薇科木瓜属
英文名　Flowering Quince，Japanese Quince
别　名　铁脚梨、铁杆海棠、皱皮木瓜、川木瓜、宣木瓜

　　原产我国西南地区，缅甸有分布。喜光，较耐寒，不耐水淹，不择土壤，但喜肥沃深厚、排水良好的土壤。

　　形态特征　落叶灌木，高2m，小枝无毛，有枝刺。叶卵形至椭圆形，托叶大，肾形或半圆形，缘具尖锐重锯齿，无叶柄，似抱茎。花先叶开放，3～5朵簇生于2年生老枝上，花梗极短似无，贴枝而生，花径3～5cm；花瓣倒卵形或近圆形，基部延伸成短爪；花柱5。梨果球形或卵形，黄色，气味芬芳，干后果皮皱缩。

　　贴梗海棠树姿婆娑，花朵有重瓣、半重瓣品种。花色多样，有猩红、朱红、桃红、月白等颜色，还有些品种的颜色粉白相间，再加上它的花瓣光洁剔透，有"花中神仙"之美称。它的枝干黝黑，弯曲如铁丝，非常符合古人的审美情趣，是制作传统式盆景的上好材料，此种风气也影响到了日本和朝鲜。贴梗海棠的果实形态奇特，像是长倒位置的梨，因此又有"铁脚梨"

之称，还因其跟木瓜的果实比起来成熟后会微有皱缩，又叫"皱皮木瓜"。至于叫"川木瓜"、"宣木瓜"则是因为四川和安徽宣城盛产此物。

贴梗海棠在我国有非常久远的栽培历史，据考证《尔雅》中的"楙（mào）"即是此物。贴梗海棠因花朵似海棠，叶、花、果几乎都近无柄，"贴"着枝条而生，故名。古人称其"枝硬如铁，花柔若脂，望之卓然如处女，视之铁骨染红霞，为诗家所难为状"。

用途　适于庭院墙隅、草坪边缘、树丛周围、池畔溪旁丛植，也可在常绿灌木前植成花篱、花丛，还可孤植或与迎春、连翘丛植。果实加工后可食用，可入药，可治咳嗽、腰酸腿疼等。此外，其对臭氧最敏感，可作监测环境的树种。

繁殖及栽培管理　常用分株、扦插和压条繁殖，播种也可以。管理较简单，因其开花以短枝为主，故春季萌发前需将长枝适当截短，整剪成半球形，以刺激多萌发新梢。

贴梗海棠栽植于植物园王锡彤墓园东墙外、海棠枸子园、卧佛寺等多处。植物园有14个品种的贴梗海棠，花色、株型极为丰富。花期4月上旬至中旬。

'粉夫人'贴梗海棠

C. superba 'Pink Lady'

　　栽植于植物园槭树蔷薇区，花期4月上旬至中旬。

木 瓜
Chaenomeles sinensis

科　属　蔷薇科木瓜属
英文名　Chinese Quince
别　名　光皮木瓜、木梨、木李

　　原产我国，现山东、河南、陕西、安徽、江苏、湖北、四川、浙江、江西、广东、广西等省（区）都有栽培。喜光，喜温暖，但有一定的耐寒性，要求土壤排水良好，不耐盐碱和低湿地。

　　形态特征　落叶小乔木，高达5～10m。树皮黄绿色，老后呈片块状剥落。小枝无刺，圆柱形。叶片卵状椭圆形，长5～8cm，先端急尖，缘具芒状锐齿，革质，叶柄有腺齿。花单生叶腋，花瓣5，径2.5～3cm，白色或粉红色。果实长椭圆形，初为青色，成熟后呈暗黄色，表皮光滑，木质化，有浓郁的芳香。

　　木瓜是赠送友人的最好礼品。这是源于《孔子丛》："孔子曰'我于木瓜，见苞苴之礼行'。"《诗经·卫风》："投我以木瓜，报之以琼琚。"孔子说的是，把木瓜作为馈赠的礼品；《诗经》说的是，对别人的好处要加倍报答。

　　唐·刘言史《咏木瓜》诗曰："浥露凝氛紫艳新，千般婉娜不胜春；年年此树开花日，出尽丹阳郭里人。"此诗不仅写出了木瓜花的柔媚姿态，也介绍了古代欣赏木瓜的盛况。

　　用途　木瓜花色烂漫，树形好，病虫害少，是庭园绿化的良好树种。可丛植于庭园墙隅、林缘等处，春可赏花，秋可观果，枝形奇特，也是制作传统盆景的上好材料。种仁含油率35.99%，出油率30%，无异味，可食，并可制肥皂。果实经蒸煮后作成蜜饯；又可入药，有解酒、去痰、顺气、止痢之效。果香，常与佛手置于果盘放室内观赏、闻香。

　　繁殖及栽培管理　可用播种及嫁接法繁殖，砧木一般用海棠。生长较慢，10年左右才能开花。一般不作修剪，只除去病枝和枯枝即可。

　　木瓜栽植于植物园宿根园、槭树蔷薇区等处，花期4月中旬至下旬。

西藏木瓜
Chaenomeles thibetica

科　属　蔷薇科木瓜属

英文名　Tibetan Floweringquince

产西藏、四川西部。海拔2600～2760m，生山坡山沟灌木丛中。

形态特征　灌木或小乔木，高1.5～3m；通常多刺，刺锥形。叶革质，卵状披针形或长圆披针形，先端急尖，基部楔形，全缘，上面深绿色，下面密被褐色绒毛。花3～4朵簇生；花柱5，基部合生，并密被灰白色柔毛。果实长圆形或梨形，黄色，味香。

本种近似毛叶木瓜（*C. cathayensis*）。但本种叶片全缘，叶片下面密被褐色绒毛，花柱基部密被柔毛，果梨形或椭圆形，而毛叶木瓜果为圆柱形，易于区别。

用途　西藏木瓜果色金黄，肉质脆嫩，风味酸香。生食酸涩，不能入口，但削去外皮，切成薄片用沸水烫泡数次，去其酸涩浓味，然后以白糖淹渍，酷似菠萝，风味特佳。还可入药，和胃祛湿，舒筋活络，著名的虎骨木瓜酒，就是主治风湿的良药。

西藏木瓜栽植于植物园王锡彤墓园东墙外。花期4月上旬。

平枝枸子
Cotoneaster horizontalis

科　属　蔷薇科枸子属

英文名　Rock Cotoneaster

别　名　铺地蜈蚣、小叶枸子

原产中国，在印度、缅甸、尼泊尔等国也有分布。喜光，也稍耐阴，喜空气湿润和半阴的环境，耐干燥、瘠薄，亦较耐寒，但不耐涝。

形态特征　半常绿匍匐灌木，高约0.5m。小枝水平开展成整齐2列。叶小，厚革质，近圆形至倒卵形，表面暗绿色，无毛，背面色浅，疏生平贴细毛。花小，单生或2朵并生，粉红色，花瓣直立倒卵形；雄蕊12。梨果近球形，径约5mm，鲜红色。

平枝枸子的小枝向四处散开平行生长，好像是一层一层的，故名。初花时节，粉花和绿叶相衬，分外绚丽。在深秋时节，叶子变红，分外妖娆。因其较低矮，远远看去，好似一团火球，很是鲜艳。果实为小红球状，经冬不落，雪天观赏，别有情趣。

用途　平枝枸子枝叶平铺，宛若蜈蚣，春末粉红色的小花密满枝头，秋冬红果累累，是优良的观枝、观叶、观花、观果灌木。在园林中可用于布置岩石园、斜坡、路边、假山旁，也可做基础种植或制作盆景。果枝也可用于插花。根可药用。

繁殖及栽培管理　大量繁殖可播种、扦插。少量则可随时压条、分株，成活率都很高。

平枝枸子栽植于植物园海棠枸子园、紫薇园、槭树蔷薇区等多处。花期4月下旬。植物园1976年自西安植物园引种。近年来，植物园年年育苗，已出圃万余株。

水枸子
Cotoneaster multiflorus

科　属　蔷薇科枸子属
英文名　Manyflower Cotoneaster
别　名　多花枸子、枸子木

分布于我国东北、华北、西北和西南。生长势很强，喜光，耐寒，稍耐阴，耐干旱和瘠薄，但不耐水淹。北京延庆海陀山也有，生山沟杂木林中。

形态特征　落叶灌木，高达4m，枝条细长，常呈拱曲。叶卵形，全缘，先端常钝圆，基部近圆形，幼时背面有柔毛，后变光滑，无毛。花白色，径1～1.2cm，花瓣开展，近圆形，6～21朵组成聚伞花序。梨果近球形或倒卵形，径约8mm，红色。

水枸子枝条婀娜，在晚春怒放密集的白色小花，秋季结成累累成束红色的果实，是优美的观花、观果树种。

用途　可作为观赏灌木或剪成绿篱，有些匍匐散生的种类还是点缀岩石园和保护堤岸的良好植物材料。在园林中，水枸子可孤植于草坪中欣赏，也可丛植于草坪边缘、园路转角、坡地、溪、河桥头或湖岸观赏。

繁殖及栽培管理　可用播种、扦插或嫁接等方法繁殖。水枸子的适应性比较强，管理粗放，早春与初冬应浇好解冻水与封冻水，则生长良好。

水枸子栽植于植物园海棠枸子园、槭树蔷薇区等处。花期4月下旬，果熟期9～10月。

绿肉山楂
Crataegus chlorosarca

科　属　蔷薇科山楂属

英文名　Blackfruit Hawthorn

产我国东北。

形态特征　小乔木，高达6m，枝条直立，树冠圆锥形，通常刺少；叶三角卵形至宽卵形，长5～9cm，先端急尖或短渐尖，基部宽楔形或近圆形，边缘有锐锯齿，通常具3～5对分裂不等的浅裂片。伞房花序，径2～3.5cm，少花，花直径1～1.2cm；花瓣近圆形，基部有短爪；雄蕊20，花柱5。果实近球形，成熟后黑色，具有绿色果肉，未成熟时红色。

绿肉山楂栽植于植物园槭树蔷薇区。花期4月中旬至下旬。

以下是植物园引进的一些花色、花型罕见，观赏价值较高的山楂品种。

'华丽'山楂
Crataegus laevigata 'Superba'

　　属于西洋山楂，原产欧洲、北非、印度。花鲜红色，单瓣。适宜作庭院树、盆栽，或作切花。栽植于槭树蔷薇区。花期4月下旬至5月上旬。北京植物园2003年从美国贝雷苗圃引入。

'冬王'山楂
Crataegus viridis 'Winter King'

　　栽植于槭树蔷薇区。花期4月下旬至5月上旬。北京植物园1997年从美国贝雷苗圃引入。

'雪鸟'山楂
Crataegus × mordenensis 'Snowbird'

　　花白色，重瓣；俏丽可爱，十分少见。栽植于槭树蔷薇区。花期4月中旬至下旬。

'托巴'山楂
Crataegus × mordenensis 'Toba'

　　花重瓣，初开时白色，后变为粉色；清丽雅致，极具观赏价值。栽植于槭树蔷薇区。花期4月中旬至下旬。

山 楂
Crataegus pinnatifida

科　属　蔷薇科山楂属
英文名　Chinese Hawthorn, Hawthorn Fruit
别　名　红果、绿梨、胭脂果

主产东北、华北等地。生于海拔100～1500m的向阳山坡、杂木林缘、灌丛中。喜光，稍耐阴，耐寒，耐干燥、贫瘠土壤。

形态特征　落叶小乔木，常有枝刺。单叶互生，三角状卵形至菱状卵形，长5～10cm，羽状5～9裂，基部1对裂片分裂较深，边缘有不规则锐锯齿。复伞房花序，花白色，后期变粉红色，径约1.8cm。梨果近球形或梨形，径约1.5cm，红色，其上有白色皮孔。

山楂树冠整齐，枝叶繁茂，晚春开花满树洁白，秋季红果累累，经久不凋，颇为美观。

山楂一名最早见于梁代陶弘景的《神农本草经集注》。唐代柳宗元有诗曰"伧父馈酸楂"，证明唐时山楂已作为礼品送友人。

南宋绍熙年间，宋光宗最宠爱的黄贵妃生了怪病，她突然变得面黄肌瘦，不思饮食。御医用了许多贵重药品，都不见效。眼见贵妃一日日病重起来，皇帝无奈，只好张榜招医。一位江湖郎中揭榜进宫，他在为贵妃诊脉后说："只要将'棠球子'（即山楂）与红糖煎熬，每饭前吃5～10枚，半月后病准会好。"贵妃按此方服用后，果然如期病愈了。于是龙颜大悦，命如法炮制。后来，这酸脆香甜的山楂传到民间，就成了冰糖葫芦。

用途　田旁、宅园绿化的良好观赏树种，还可作绿篱栽培。果实酸甜可口，能生津止渴，具有很高的营养和药用价值。除鲜食外，可制成山楂片、山楂糕、果丹皮、红果酱、果脯、山楂酒等。亦可入药，入药归脾、胃、肝经，有消食化积、活血散淤的功效。

繁殖及栽培管理　繁殖可用播种和分株法，播前必须沙藏层积处理。适应性强，栽培容易，病虫害少。

山楂栽植于植物园槭树蔷薇区。花期4月下旬至5月上旬。植物园还栽有同属植物野山楂（*C. cuneata*）等。

山里红
C. pinnatifida var. major

又称大山楂，果较大，径达2.5cm，深红色；叶也较大而羽裂较浅。在华北作果树栽培更为普遍。果味酸而带甜，除生食、作果酱外，尚可药用。繁殖以嫁接为主，砧木用普通的山楂。

山里红主要栽植于植物园槭树蔷薇区。花期4月下旬至5月上旬。

蛇 莓
Duchesnea indica

科　属　蔷薇科蛇莓属
英文名　India Mock-strawberry
别　名　三爪风、蛇泡草、野三七、一粒金丹

全国各地均有分布。日本、阿富汗、欧洲、美洲也有。常生于山坡、路旁、沟边或村旁较湿处。喜温暖湿润环境，较耐旱，耐瘠薄，对土壤要求不严。

形态特征　多年生草本，全株有白色柔毛。匍匐茎长，节节生根。3出复叶互生，小叶菱状卵形，边缘具钝齿，两面皆有柔毛。花单生，具长柄；副萼片5，顶端3～5齿裂，通常3齿裂；萼片5，较副萼片小；花瓣5，黄色，倒卵形。聚合果成熟时花托膨大，半球形或长椭圆形，海绵质，红色。瘦果小，多数，暗红色。

蛇莓和草莓是近亲。果实味道酸甜，稍有涩味，可以采食。它的花是黄色的，而草莓不论野生还是家养的花都是白色的。有些地区农村的老人喜欢以蛇莓果蘸糖吃，据说能延年益寿。

用途　宜栽在斜坡作地被植物。全草供药用，清热解毒、散淤消肿，用于痢疾、肠炎、白喉、颈淋巴结核。茎叶捣敷治疗疮有特效，亦可敷蛇咬伤、烫伤、烧伤。果实煎服能治支气管炎。

繁殖及栽培管理　播种或分株繁殖。生活力较强。

蛇莓为植物园野生地被。始花期4中旬，花期极长，可延续至8月。

白鹃梅
Exochorda racemosa

科　属　蔷薇科白鹃梅属
英文名　Common Pearl-bush
别　名　金瓜果、茧子花、羊白花

为中国原产树种，主产山西、河南、安徽及长江流域各省。喜温暖湿润的气候，喜光线充足，也稍耐阴，抗寒力强，对土壤要求不严，较耐干燥瘠薄。

形态特征　灌木或小乔木，高5m。单叶互生，叶椭圆形或倒卵状椭圆形，全缘或上部疏生钝齿，背面粉蓝色。花白色，径约3～4cm，6～10朵呈顶生总状花序。花瓣宽倒卵形，基部有短爪，雄蕊15～20枚，每3～4枚一束生于花盘边缘。蒴果，倒卵形，具5棱脊。

白鹃梅姿态秀美，叶片光洁，花开时洁白如雪，光彩照人。

白鹃梅花芽及幼叶富含维生素、纤维素、粗蛋白等，是一种独特的食用植物，山西民间采摘没有开放的花朵和幼茎叶经处理后食用。经脱苦味处理后可鲜食，也可经过阴干或晒干制成干菜保存。

用途　优良观赏树木，适于在草坪、亭园、林缘、路边、假山、庭院角隅作为点缀树种。老树古桩又是制作树桩盆景的材料。

繁殖及栽培管理　萌芽力强，萌蘖性强。以播种繁育为主。也可扦插繁殖。

白鹃梅栽植于植物园卧佛寺前广场、孙传芳墓西侧。花期4月中旬。植物园还栽有'新娘'白鹃梅（*E. macrantha* 'The Bride'）。华北山区有齿叶白鹃梅野生，主要不同处为全部叶端均有3～5齿裂。

水杨梅
Geum aleppicum

科　属　蔷薇科路边青属
英文名　Aleppo Avens
别　名　路边青、兰布政

分布于全国各地。北京山区普遍。生山坡草地、沟边、地边、河滩、林间隙地及林缘，海拔200～3500m。喜阳，耐半阴，耐寒，不择土壤，在疏松湿润的土壤上生长更为良好。

形态特征　多年生草本，株高30～70cm。奇数羽状复叶，基生叶为大头羽状复叶，通常有小叶2～6对，小叶大小极不相等，顶生小叶最大，侧生小叶不等大，有时重复羽裂。花序顶生，疏散排列；花黄色，萼片平展，外有5枚副萼。聚合果倒卵球形，瘦果被长硬毛，花柱宿存。栽培品种的花色有红色、白色或橙黄色。

水杨梅的花初期与毛茛相似，但后期子房膨大，成杨梅状聚合果，因而有水杨梅之称。水杨梅是北京地区为2008年奥运会推荐的花卉地被植物。

用途　宜于低洼地、池畔布置，也可作花径。全株含鞣质，可提制栲胶。全草入药，有清热解毒、消肿止痛之效。种子含干性油，可用于制肥皂和油漆。鲜嫩叶可食用。

繁殖及栽培管理　常用播种和扦插繁殖。

水杨梅为植物园春季花坛、花境草花。始花期4月中旬，可持续数月。

棣棠
Kerria japonica

科　属　蔷薇科棣棠花属
英文名　Japanese Kerria
别　名　黄花榆叶梅、黄度梅、清明花、山吹

原产中国、日本、朝鲜等亚洲国家。喜温暖湿润气候，较耐阴，不甚耐寒，故在北京园林中宜选背风向阳处栽植。对土壤要求不严，耐旱力较差。

形态特征　落叶丛生灌木，高1～2m。单叶互生，叶卵形至卵状椭圆形，小枝绿色，髓白色，质软。叶卵形或三角状卵形，长3～8cm，先端渐尖，基部近圆形，缘有重锯齿，叶背疏生短柔毛；花单生于当年生侧枝顶端，金黄色，径3～4.5cm；萼片5，绿色。重瓣品种花瓣多数，花蕊瓣化，并常多次开花。

"棣"在汉语中的字意是"弟"，棣棠即兄弟之花、姐弟之花，《诗经·小雅·常棣》中写道："常棣之华，鄂不韡韡（wěi），凡今之人，莫如兄弟。"常棣即棣棠。韡韡是指它花开繁茂。此句的意思是：兄弟相亲则家庭繁荣昌盛有光辉也。

用途　丛植于墙际、水畔、坡地、林缘及草坪边缘，或以假山配植，景观效果极佳。常成行栽成花径、花丛、花篱，与深色的背景相衬托，使鲜黄色花枝显得更加鲜艳。花及枝入药，有消肿、止咳、止痛、助消化等功效。

繁殖及栽培管理　分株、扦插繁殖均可。

棣棠栽植于植物园月季园南部、北湖沿岸、槭树蔷薇区等多处。花期4月中旬至下旬。植物园还栽有重瓣棣棠（*K. japonica* 'Pleniflora'）和花叶棣棠（*K. japonica* 'Picta-Variegated'）。

棣棠

重瓣棣棠

重瓣棣棠

山荆子
Malus baccata

科　属　蔷薇科海棠属
英文名　Siberian Crabapple
别　名　山定子、林荆子

原产华北、西北和东北，山区随处可见，在杂木林中常有成片分布。山荆子分布很广，变种和类型较多。喜光，耐寒，耐旱，深根性，寿命长，适宜在花岗岩、片麻岩山地和淋溶褐土地带应用。不耐盐碱地及低湿处。

形态特征　落叶乔木，高达10～14m。叶片椭圆形或卵形，长3～8cm，先端渐尖。伞形花序，具花4～6朵，直径5～7cm；花为白色或淡粉红色，直径2～3.5cm，花瓣5，倒卵形；萼片5，花梗细长。

树冠广圆形，树姿较美观；花朵散发清新的甜味，有点像槐花的味道；果实近球形，亮红色或黄色，经冬不落。

用途　山荆子抗逆能力较强，生长较快，遮荫面大，春花秋果，可用作行道树或林缘树种。营养成分高于苹果，其中有机酸的含量超过苹果的1倍以上，适用于加工果脯、蜜饯和清凉饮料。也可作嫁接苹果、海棠类的砧木。

繁殖及栽培管理　繁殖多用播种。

山荆子栽植于植物园海棠枸子园、碧桃园。花期4月中旬。

垂丝海棠
Malus halliana

科　属　蔷薇科海棠属
英文名　Hall's Crabapple
别　名　垂枝海棠、解语花

产江苏、浙江、安徽、陕西、四川、云南。生于坡丛林中或山溪边。喜光，喜温暖湿润气候，不耐寒冷和干旱。

形态特征　小乔木，高达5m。叶卵形或椭圆形，先端渐尖，边缘锯齿细小而钝。伞房花序，具花4～6朵，花梗细长，下垂，紫色；花径3～3.5cm，花瓣倒卵形，未开时红色，开后渐变为粉红色，多为半重瓣，也有单瓣花。

垂丝海棠柔曼迎风，垂英袅袅，如秀发遮面的淑女，脉脉深情，风姿怜人。

宋代杨万里在《垂丝海棠》一诗中写道："垂丝别得一风光，谁道全输蜀海棠。风搅玉皇红世界，日烘青帝紫衣裳。懒无气力仍春醉，睡起精神欲晓妆。举似老夫新句子，看渠桃李敢承当。"形容妖艳的垂丝海棠鲜红的花瓣把蓝天、天界都搅红了，闪烁着紫色的花萼如紫袍，柔软下垂的红色花朵如喝了酒的少妇，玉肌泛红，娇弱乏力。其姿色、妖态更胜桃、李。

用途　宜植于小径两旁，或孤植、丛植于草坪上，最宜植于水边，犹如佳人照碧池；另外还可制桩景。果酸甜可食，可制蜜饯。

繁殖及栽培管理　繁殖可采用扦插、分株、压条等方法。但多用海棠为砧木嫁接。

垂丝海棠栽植于植物园海棠枸子园；花期4月中旬。

西府海棠和垂丝海棠的主要区别

1．西府海棠的花梗短，多为绿色，垂丝海棠花梗相对较长，呈紫红色。

2．西府海棠的花多朝上直立盛开，垂丝海棠花则朝下垂挂。

3．西府海棠花苞颜色初如唇红鲜艳，花开后则颜色渐淡，垂丝海棠花开后相对颜色更红。

西府海棠
Malus micromalus

科　属	蔷薇科海棠属
英文名	Midget Crabapple，Chinese Flowering Crabapple
别　名	小果海棠、子母海棠、海红、重瓣粉海棠

原产中国北部地区，云南亦有种植。喜光，也耐半阴，适应性强，耐寒，耐旱。对土壤要求不严，一般在排水良好之地均能栽培，但忌低洼、盐碱地。

形态特征　小乔木，高达5m。叶片长椭圆形或椭圆形，长5～10cm，先端急尖，基部楔形或近圆形，边缘具刺芒状细锯齿。伞形总状花序，有花4～7朵，集生于小枝顶端，花径约4cm；花瓣近圆形或长椭圆形，粉红色。

海棠花开娇艳动人，但一般的海棠花无香味，只有西府海棠既香且艳，是海棠中的上品。西府海棠花形较大，4～7朵成簇朵朵向上，其花未开时，花蕾红艳，似胭脂点点，开后则渐变粉红，有如晓天明霞。每到暮春季节，朵朵海棠迎风峭立，花姿明媚动人，楚楚有致。

历史上以海棠为题材的名画也不胜枚举，譬如宋代佚名《海棠蛱蝶图》，宋代著名花鸟画家林椿所画《海棠图》，现代国画大师张大千晚年画的《海棠春睡图》等。

明·唐寅在《海棠美人图》中写道："褪尽东风满面妆，可怜蝶粉与蜂狂。自今意思和谁说，一片春心付海棠"。

用途　花色艳丽多姿，是著名的观赏花卉，一般多栽植于庭院供观赏。果实称为海棠果，酸甜可口，味形皆似山楂，可鲜食或制作蜜饯。

繁殖及栽培管理　通常以嫁接或分株繁殖，亦可用播种、压条及根插等方法繁殖。用嫁接所得苗木，开花可以提早，而且能保持原有优良特性。

西府海棠栽植于植物园海棠枸子园、槭树蔷薇区、西环路北部等处。花期4月中旬。

西府海棠与海棠花（*M. spectabilis*）的区别　西府海棠果实小、熟时黄色，径约1.5cm，近球形，柄洼、萼洼下陷；海棠花果实较大，熟时染红晕，径约2cm，扁球形，梗洼、萼洼均实起或者或多或少都有实起。

海棠属与梨属的区别

属	花瓣颜色	雄蕊	花药颜色	花柱	有无石细胞
海棠属	白色至粉红色	15～50	黄色	合生	无或有少量
梨属	白色、稀为粉白色	20～30	紫红色	离生	有

14 个国外海棠品种

'道格'海棠
Malus 'Dolgo'

　　株型开展；株高10~12m，冠幅8~10m，树皮黄绿色；花白色，直径5cm。果实亮红色，直径3.5cm。花期早，4月中旬；果熟期6月下旬~7月下旬。耐寒，抗病。1897年由美国南达科他州Hansen博士选育。

'火焰'海棠
Malus 'Flame'

　　株型向上，株高4.5~6m，冠幅4.5m，树皮黄绿色；花蕾粉红色，花白色，直径4cm；果实深红色，直径2cm。花期4月中旬；果熟期8月，果宿存。耐寒。抗病性强。美国明尼苏达大学培育。

'霍巴'海棠
Malus 'Hopa'

　　株型幼时向上，成熟后开展，株高6~7.5m，冠幅7.5m；花玫瑰红色，果亮红色，直径2cm。花期4月中旬；果熟期7月，果宿存。耐寒。

'宝石'海棠
Malus 'Jewelberry'

　　树矮，分枝密，株高3m，冠幅3.5m，树皮棕红色；花开前为粉红色，完全开放后为白色，小而密集；果实亮红色，直径1cm。花期4月中旬，果熟期8月，果宿存。

'凯尔斯'海棠

Malus 'Kelsey'

　　株型圆而开展，株高4.5~6m，冠幅4.5~7.5m，树皮棕红色；新叶红色；花粉红色，半重瓣，花瓣16枚；果紫红色，直径2cm。花期4月中旬；果熟期7月，果宿存。

'粉芽'海棠

Malus 'Pink Spire'

　　树形窄而向上，干皮红棕色，株高4.5~6m，冠幅4m；新叶红色，花堇粉色；果实紫红色，直径1.2cm。花期4月上中旬，果熟期7月，果宿存。由加拿大W. L. Kerr选育。

'绚丽'海棠

Malus 'Raddiant'

　　树形紧密，干棕红色，株高4.5~6m，冠幅6m；新叶红色，花深粉色，直径1.2cm。花期4月中旬，果熟期6~10月。耐寒，抗病。1958年由美国明尼苏达大学培育。

'红玉'海棠
Malus 'Red Jade'

　　树形为垂枝型，株高3.5m，冠幅3.5m，干皮黄绿色；小枝下垂；花白至浅粉色；果亮红色，直径1.2cm。花期4月中旬；果熟期7月，果宿存。由美国布鲁科林植物园1953年培育。

'红丽'海棠
Malus 'Red Splender'

　　树形向上，开展，干皮红色，株高6～7.5m，冠幅6m，花粉色；果亮红色，直径1.2cm。花期4月中旬，果熟期8～10月。

'王族'海棠
Malus 'Royalty'

　　树形圆，向上，干红棕色，株高4.5～5.5m，冠幅6m；新叶红色，成熟后为带绿晕的紫色；花深紫色；果深紫色，直径1.5cm。花期4月中旬，果熟期6～10月。

'撒氏'海棠
Malus 'Sargenti'

　　树形矮、开展，干皮色深，株高1.8~2.5m，冠幅3.5m；花苞粉色，开后白色；果深红色，直径0.6cm。花期4月中旬，果熟期8月，果宿存。原产日本。

'雪球'海棠
Malus 'Snowdrift'

　　树形整齐，株高6~8m，冠幅6m；花苞粉色，花开后为白色；果实亮橘红色，直径1cm。花期4月中旬，果熟期8月，果宿存。耐寒。由Colo苗圃培育。

'钻石'海棠
Malus 'Sparkler'

　　树形水平开展，干红色，株高4.5m，冠幅6m。新叶紫红色；花玫瑰红色；果实深红色，直径1cm。花期4月中旬，果熟期6~10月。由明尼苏达大学培育。

'草莓果冻'海棠
Malus 'Strawberry Parfait'

　　树形杯形，干皮棕红色，株高7.5m，冠幅7.5m；新叶红色；花浅粉色，边缘有深粉色晕；果为黄色，带红晕，直径1cm。花期4月上中旬；果熟期6月，果宿存。

苹 果
Malus pumila

科　属　蔷薇科海棠属
英文名　Apple
别　名　柰、西洋苹果

　　原产欧洲东南部，土耳其及高加索一带。1870年前后始传入我国山东，目前在我国大部分省份均有栽培。温带果树，喜光，喜微酸性到中性土壤。最适于土层深厚、富含有机质、通气、排水良好的沙质土壤。喜低温干燥，要求冬无严寒，夏无酷暑。

　　形态特征　落叶乔木，高可达15m，栽培条件下一般高3～5m左右。叶椭圆形至卵圆形，叶缘有锯齿。伞房花序，具花3～7朵，花瓣倒卵形，白色，含苞未放时带粉红色，雄蕊20，花柱5。果大，径在5cm以上，颜色及大小因品种而异。

　　中国苹果即绵苹果，古称柰，从有文字记载起，至少已有2200多年的栽培历史。柰最早见于西汉司马相如的《上林赋》(公元前125～公元前118)中："椑柰厚朴"。其中"柰"多数学者认为就是后来的绵苹果，即中国苹果的古称。

　　据《西京杂记》(3～4世纪间)记载：当时上林苑中的各种果树，都是"初修上林苑时，群臣远方各献(的)名果异树……"其中有"柰三：白柰、紫柰、绿柰"。3世纪20年代，曹植有《请白柰表》和《谢赐柰表》。

　　苹果品种数以千计，分为酒用品种、烹调品种、鲜食品种3大类。3类品种的颜色、大小、香味、光滑度等均有差别。在欧洲，很大部分苹果用于制苹果酒和白兰地。

　　用途　苹果味甘、酸，性凉，归脾、肺经；具有生津、润肺、除烦解暑、开胃、醒酒、止泻的功

效；主治中气不足、消化不良、轻度腹泻、便秘、高血压等。

繁殖及栽培管理 嫁接繁殖。砧木有乔化砧和矮化砧。常用乔化砧有：楸子、海棠、山荆子，矮化砧主要引进英国品种。采用宽行密植，行向南北。苹果自花结实力差，栽植时必须配置授粉树。

苹果栽植于植物园管理处院内。花期4月中旬。

朝天委陵菜
Potentilla supina

科　属　蔷薇科委陵菜属
英文名　Carpet Cinquefoil
别　名　仰卧委陵菜、野香菜、地榆子

全国各省区多有分布，广布于北半球温带及部分亚热带地区。生田边、荒地、河岸沙地、草甸、山坡湿地，海拔100～2000m。

形态特征　1～2年生草本，株高10～15cm。羽状复叶，草质，基生叶有小叶，两面绿色，较柔，小叶7～17枚，倒卵形或长圆形，边缘有缺刻状锯齿；茎生叶有时为3出复叶。花单生叶腋，顶端呈伞房状聚伞花序，直径6～8mm，花瓣5，黄色，倒卵形，顶端微凹，与萼片近等长或稍短。

用途　全草入药。

朝天委陵菜为植物园野生地被。花期5月上旬。

东北扁核木
Prinsepia sinensis

科　属　蔷薇科扁核木属
英文名　Cherry Prinsepia
别　名　辽宁扁核木、扁核子

产我国东北地区。生于杂木林中或阴山坡的林间，或山坡开阔处以及河岸旁。抗寒，叶芽萌动较早。

形态特征　落叶灌木，高3m。枝髓片状，枝刺较细瘦，刺上无叶。单叶互生或簇生，卵状长椭圆形至披针形，长3～7cm，全缘或疏生浅齿；托叶针刺状。花黄色，微香，径约1.5cm；1～4朵簇生叶腋。核果球形，鲜红或紫红色，核扁圆有皱纹。

用途　花、果均美丽而有香气，是良好的观赏灌木，宜植于庭园观赏。果多汁而有香味，可食。果核可加工成工艺品供玩赏。

东北扁核木栽植于植物园北湖北部。花期4月上旬。

杏
Prunus armeniaca

科 属　蔷薇科李属
英文名　Apricot，Common Apricot
别 名　杏树

　　原产中国，遍植于中亚、东南亚及南欧和北非的部分地区。我国在公元前3000年就开始大量栽培，18世纪被西班牙教士带入加利福尼亚南部。喜轻质土，在排水良好的肥沃壤土上生长良好。抗寒，耐旱，抗盐碱，寿命也很长，在良好条件下可达100多年。

　　形态特征　乔木，高5～12m；叶宽卵形或圆卵形，长5～9cm，先端急尖至短渐尖，基部圆形或近心形，叶缘具钝锯齿。花单生，淡红色或近白色，先叶开放，萼片多为紫红色，花瓣5，径2～3cm；花瓣圆形至倒卵形。果实多汁，成熟时不开裂；核基部常对称。

　　古代诗人赞美杏花的诗词颇多，如宋代欧阳修诗云："林外鸣鸠春雨歇，屋头初日杏花繁。"同时期的宋祁咏杏花的诗句也很绝妙："绿杨烟外晓寒轻，红杏枝头春意闹。"宋代叶绍翁的《游园不值》也是一首脍炙人口的咏杏花诗："应怜屐齿印苍苔，十扣柴扉九不开。春色满园关不住，一枝红杏出墙来。"

　　杏坛的故事　是指孔子聚集弟子在杏树下讲学，久而久之，那里就称为杏坛。后人泛指教学处为杏坛，深含尊师之意。

　　杏林的故事　三国时期吴国一位德高望重的老医生董奉，隐居于匡山，为人治病不要钱，但要重病者治愈后，在他屋后的山上植杏树，天长日久，这里蔚然成林，杏树竟达10万余株。董奉把杏子全部换成粮食，救济贫苦的人们。为了感激董奉的德行，有人就写了"杏林春暖"条幅挂在他家门上。

　　传说农历二月十二是百花的生日，人们称之为"花朝"，因此民间便有一个"花朝"之庆。而随着季节时令的替换，百花也以各种不同的容颜缤纷了大地。百花的玉容笑貌为人们的生活平添了无数浪漫情趣。爱花惜花之人，自然也为百花留下许多动人的传说。因此，在中国，百花各有其司花之神，也各拥有一段美丽的故事。

　　在百花的传说中，以农历中的十二个月令的代表花，与司十二月令花神的传说最令人神往。花的美是浑然天成，无可比较，这十二月令的花与花神，或因地区不同以及个人的喜爱而有些差异，其中广为流传的则分别是：正月梅花寿阳公主、二月杏花杨贵妃、三月桃花息夫人、四月牡丹李白、五月石榴钟馗、六月莲花西施、七月蜀葵李夫人、八月桂花徐惠、九月菊花陶渊明、十月木芙蓉石曼卿、十一月山茶白居易、十二月水仙娥皇与女英。

　　用途　可配植于庭前、墙隅、道旁或水边。在大型园林内可群植、丛植于山坡、水畔。核仁入药，有止咳祛痰、定喘润肠之效。杏果有金黄、艳红等颜色，熟时鲜艳夺目，极富观赏价值。

　　繁殖及栽培管理　杏树以桃或杏为砧木嫁接繁殖，桃、李、杏3种果树间嫁接容易成活。杏品种大多数自花不育或自花结实率很低，故而必须配置授粉树才能获得高而稳定的产量。一般情况下主栽品种与授粉品种的比例为3:1～4:1。

　　杏栽植于植物园槭树蔷薇区。花期4月上旬。

陕梅杏
P. armeniaca var. meixinensis

别名重瓣杏、光叶重瓣花杏。原产陕西，系实生变异品种。树冠丛状形，树姿直立。多年生枝灰褐色，一年生枝粗壮，紫红色。叶片圆形，基部宽楔形，先端急尖；叶色浓绿，叶缘单锯齿。花大，重瓣，花瓣70余枚，花萼紫红色，花瓣粉红色，径4.5cm。果实较小；黏核，仁苦。

陕梅杏抗寒，耐干旱，适应性强。花多而大，开放时十分壮观，是绿化、美化环境的优良树种。

陕梅杏栽植于植物园梅园。花期4月上旬至中旬。

欧洲甜樱桃
Prunus avium

科　属	蔷薇科李属
英文名	Gean，Mazzard Cherry
别　名	欧洲樱桃

原产欧洲及亚洲西部。我国东北、华北等地引种栽培。

形态特征　乔木，高达25m。小枝灰棕色，嫩枝绿色。叶倒卵状椭圆形或椭圆卵形，长3~13cm，宽2~6cm，先端骤尖或短渐尖，基部圆形或楔形，叶边有缺刻状圆钝重锯齿，有侧脉7~12对。花序伞形，有花3~4朵，花叶同放；花瓣白色，倒卵圆形，先端微下凹。核果近球形或卵球形，红色至紫黑色，直径1.5~2.5cm。

重瓣欧洲甜樱桃

用途　庭院观赏。果型大，风味优美，生食或制罐头，樱桃汁可制糖浆、糖胶及果酒；核仁可榨油，似杏仁油。

欧洲甜樱桃栽植于植物园槭树蔷薇区，该区还有重瓣观赏品种重瓣欧洲甜樱桃（*P. avium* 'Plena'）。花期4月中旬至下旬。

紫叶李
Prunus cerasifera 'Pissardii'

科　属　蔷薇科李属
英文名　Purple-leaved Plum, Pissard Plum, Purple Cherry Plum

　　原产亚洲西部，我国华北及其以南地区广为种植。喜光，稍耐荫蔽，喜温暖湿润气候，不耐寒，较耐湿，具有一定的抗旱能力。对土壤适应性强，喜肥沃、湿润的中性或酸性土。

　　形态特征　落叶小乔木，高达4m，小枝红褐色。叶卵形或卵状椭圆形，边缘有细钝锯齿或重锯齿，紫红色。花较小，单生或2～3朵聚生，淡粉红色，径约2.5cm，花被5片。核果近球形，径约1.2cm，暗红色。

　　原种欧洲樱李（*P. cerasifera*），还有黑紫叶李'Nigra'（枝叶黑紫色）和红叶李'Newportii'（叶红色，花白色）。

　　紫叶李树冠圆形或扁圆形，常年红紫色，春秋尤为艳丽。春季花叶同放，花为淡红或粉色，如同青烟薄雾。以叶色闻名，是我国北方传统的色叶树种。

　　用途　与绿色植物配置可增强色彩反差，植于建筑物前更体现其本身的色彩美。在园林中宜孤植、丛植或对植于路口、入口处，景观极佳。

　　繁殖及栽培管理　以嫁接为主，砧木可选实生的桃、梅、李、杏等。栽培管理粗放，花期注意肥水管理和中耕除草。

　　紫叶李主要栽植于植物园槭树蔷薇区、月季园西门等多处。花期4月上旬至中旬。

　　紫叶李与杏的区别　紫叶李的花与杏花几乎同时开放。花都是白色，萼片都是紫红色。区别在于紫叶李花较小，直径1.5～2cm，花后萼片不反折；杏花稍大，直径2～3cm，花后萼片反折。

山 桃
Prunus davidiana

科　属　蔷薇科李属
英文名　David's Peach
别　名　花桃、毛桃

主要分布于我国黄河流域、内蒙古及东北南部，西北也有，多生于向阳的石灰岩山地。喜光，耐寒，对土壤适应性强，耐干旱、瘠薄、怕涝。

形态特征　落叶乔木，高达10m，干皮紫褐色，有光泽，常具横向环纹，老时纸质剥落。叶狭卵状披针形，长6~10cm，锯齿细尖。花单生，花瓣5，花淡粉红色或白色。果球形，径3cm，肉薄而干缩。

山桃花期早，开花时美丽可观，并有曲枝、白花、帚形等变异类型。

用途　花可供观赏，园林中宜成片植于山坡并以苍松翠柏为背景，方可充分显示其娇艳之美。在庭院、草坪、水际、林缘、建筑物前零星栽植也很合适。种子、根、茎、皮、叶、花、桃树胶均可药用。

山桃主要栽植于植物园南湖沿岸，其他各处有散植。花期3月中旬。

麦李
Prunus glandulosa

科 属 蔷薇科李属

英文名 Flowering Almond

产我国长江流域及西南地区；日本也有分布。喜光，耐寒，适应性强，北京能露地栽培。

形态特征 落叶灌木，高2m。叶卵状长椭圆形至椭圆状披针形，长5～8cm，中部或近中下部最宽，先端急尖或渐尖，基部广楔形，缘有细钝齿。花粉红或白色，1～2朵生于叶腋，径约2cm，花梗长约1cm，雄蕊30枚。果红色，径1～1.5cm。

春天叶前开花，花开繁茂，满树灿烂，甚为美丽；果期硕果累累，如玛瑙珠串悬挂枝头，极具观赏价值。

用途 宜于草坪、路边、假山旁及林缘丛栽，也可作基础栽植、盆栽或作切花材料。

繁殖及栽培管理 常用分株或嫁接法繁殖，砧木用山桃。

麦李栽植于植物园月季园南部、海棠枸子园、北湖沿岸等多处。花期4月上旬至中旬。植物园还栽有重瓣白花麦李、重瓣红花麦李（*P. glandulosa* 'Roseo-plena'）。

麦李与郁李的区别 麦李与郁李极易混淆，麦李的叶长圆披针形或椭圆状披针形，最宽处约在中部；郁李叶卵形或卵状披针形，最宽处约在中部以下。另外，麦李株形瘦小，叶节间近；郁李株形粗大，叶节间稀可别。

麦李

重瓣白花麦李

P. glandulosa 'Albo-plena'

又名重瓣白麦李、'小桃白'，花较大，白色、重瓣。

郁 李
Prunus japonica

科　属　蔷薇科李属
英文名　Japanese Bush cherry, Dwarf Flowering Cherry
别　名　爵梅、秧李、雀梅、寿李

原产我国东北、华北、华中到华南；朝鲜、日本也有分布。喜光，耐寒，耐热，耐旱，耐潮湿。对土壤要求不严，唯以石灰岩山地生长最盛。

形态特征　落叶灌木，高约2m。枝条细密，冬芽3枚并生。叶卵形或卵状长椭圆形，长3～5cm，先端渐尖或急尖，基部圆形，中部以下较宽，缘有尖锐重锯齿。先花后叶或花叶同放，花单生或2～3朵并生，花粉红色或近白色，径约1.5cm。

郁李之名，始于《神农本草经》。《本草纲目》记曰："树高五六尺，叶、花似麦李，唯子小若樱桃，甘酸而香，有少滃味也"指的即郁李。郁李花开繁茂，所以称郁。

用途　郁李是优良的花灌木，常植于庭园观赏。红果可招引鸟类，为园林增添了情趣。种仁入药，有健胃、润肠、利水、消肿之效。

繁殖及栽培管理　播种、分根、分蘖、压条繁殖均可。重瓣花品种必须嫁接，以山桃为砧木。

郁李栽植于植物园北湖北部、牡丹园和银杏松柏区等处。花期4月上旬至中旬。植物园还栽有红花郁李、红花重瓣郁李等。

红花郁李
P. japonica 'Rubra'
花红色，单瓣。

红花重瓣郁李
P. japonica 'Roseo-plena'
花玫瑰红色，重瓣，与叶同放或稍早于叶。

斑叶稠李
Prunus maackii

科　属　蔷薇科李属
英文名　Amur Cherry，Maack Laurel Cherry
别　名　山桃稠李

产我国东北、华北和西北地区；俄罗斯、朝鲜也有分布。耐寒性强。

形态特征　　落叶乔木，树皮亮黄色至红褐色。叶椭圆形至矩圆状卵形，长5～10cm，锯齿细尖，基部常有一对腺体，背面散生暗褐色腺点。花多数，呈总状花序，基部无叶或有1～2小叶；花瓣5，白色，有香气，径约1cm，先端通常啮蚀状，雄蕊10至多数。

用途　　良好的庭园观赏树，春天可赏花，到了冬季红褐色而光亮的树皮在白雪的衬托下显得格外美丽。宜于庭园成丛、成片栽植。

斑叶稠李主要栽植于植物园槭树蔷薇区，植物园栽植的品种为'琥珀美人'斑叶稠李（*Prunus maackii* 'Amber Beauty'）。花期4月中旬至下旬。

'琥珀美人'斑叶稠李

'琥珀美人'斑叶稠李

梅 花
Prunus mume

科 属 蔷薇科李属
英文名 Mei-flower, Mei-tree
别 名 春梅、干枝梅、红绿梅、红梅、绿梅

原产中国西南部地区，后引种到韩国与日本，又从日本传播到西方国家。喜阳光充足，通风良好。对土壤要求不严，较耐瘠薄。对水分敏感，喜湿怕涝。为长寿树种。

形态特征 落叶小乔木，枝常具刺，干多纵驳纹。叶卵形或椭圆状卵形，先端尾尖或渐尖，基部广楔形至近圆形，边缘具细锯齿。原种呈淡粉红或白色，栽培品种则有紫、红、彩斑至淡黄等花色；花瓣5枚，也有重瓣品种，近无梗，芳香；早春叶前开放。果近球形，径2～3cm，熟时黄色。

梅疏影清雅，花色秀美，幽香宜人，花期独早。若用常绿乔木或深色建筑作背景，更可衬托出梅花玉洁冰清之美。如松、竹、梅相搭配，苍松是背景，修竹是客景，梅花是主景。古代强调"梅花绕屋"、"登楼观梅"等，均是为了获得最佳的观赏效果。

赏梅三宜三不宜：宜曲不宜直，宜疏不宜密，宜老不宜嫩。曲则有情，疏显风韵，老有骨气，这才是上品梅花。梅花初生、开花、结子、成熟同时亦代表易经中"元"、"亨"、"利"、"贞"4种高尚德行。

文学艺术史上，梅诗、梅画数量之多，足以令任何一种花卉都望尘莫及。齐白石画的《梅花立鹊》、《梅花》等，潘天寿与李苦禅等画的梅花作品均十分有名。古琴名曲《梅花三弄》是在魏、晋时期产生的。

陆游的《卜算子·咏梅》写道："无意苦争春，一任群芳妒。零落成泥辗作尘，只有香如故。"宋代林逋《山园小梅》诗："疏影横斜水清浅，暗香浮动月黄昏。"寄托了他"梅妻鹤子"的隐逸情趣。

王冕的《咏白梅》："冰雪林中著此身，不同桃李混芳尘。忽然一夜清香发，散作乾坤万里春。"陆游："闻道梅花坼晓风，雪堆遍满四山中。何方可化身千亿，一树梅花一放翁。"

鲁迅曾精辟地用梅花做过一个比喻："中国真同梅树一样，看它衰老腐朽到不成一个样子，一忽儿挺生一两条新梢，又回复到繁花密缀，绿叶葱茏的景象了。"

毛泽东主席的《卜算子·咏梅》："风雨送春归，飞雪迎春到。已是悬崖百丈冰，犹有花枝俏。俏也不争春，只把春来报。待到山花烂漫时，她在丛中笑。"

我国邮电部于1985年4月5日，发行了一套梅花特种邮票，共6枚。同日还发行了一枚梅花小型张，由程传理设计。邮票图案选用的8种梅花，是我国著名梅花专家陈俊愉教授从200多个梅花品种中精选出来的最有代表性的类型。

梅花是中国人喜闻乐见、家喻户晓的吉祥物，代表着喜庆、热烈、美满和谐、繁荣和幸福等祥瑞之意。"梅开五福"，即梅花五瓣象征五福："快乐、幸运、长寿、顺利、太平"。在辛亥革命时期，五福又象征了汉、满、蒙、回、藏五大民族的大团结。喜鹊在梅花枝头欢跃鸣叫的图案，常被冠以"喜上眉梢"、"喜报春光"，取谐音或寓意。"和和美美"是谐音，把荷花和梅花组合起来，以示和和美美带来的财运福运。一枝梅花有10朵花插于瓶中，桌上放置10枚古铜钱，寓意十全十美。吉祥图案还有"竹梅双喜"，用竹梅和两只喜鹊纹图，竹喻夫，梅喻妻，用梅向新人祝贺新喜。以梅鹤松竹作画，则用作祝寿贺喜，还有齐眉祝寿等。

用途 在园林、绿地、庭园、风景区，可孤植、丛植、群植等；也可在屋前、坡上、石际、路边自然配植。梅花可布置成梅岭、梅峰、梅园、梅溪、梅径、梅坞等。还可作盆景和切花，以美化庭院等环境。

繁殖及栽培管理 以嫁接繁殖为主，播种、压条、扦插也可。砧木多用桃、杏和山桃。

　　梅花主要栽植于植物园梅园，该园于2002年建成，位于植物园的西北部，北接樱桃沟，西至西外环路，南到卧佛寺坡下广场，东邻竹园，现有面积4公顷左右。梅园主要任务是收集、展示和保存梅花种质资源，培养和推广适合北方地区生长的梅花优良品种。园内目前共收集栽植梅花种和品种40余个，包括了真梅种系、杏梅种系以及樱李梅种系的众多优良品种。每年的3月中旬至4月中旬，各类梅花依次递开。初花至盛花4～7日，至终花15～20日。

　　陈俊愉先生于1989年提出"中国梅花品种分类修正新系统"，将梅花品种按种型分为3系5类16型；1994年将中国梅品种分为4系7类14组24型；1996年将中国梅品种分为3系6类14群25型；1999年他又科学地将梅花分为3个种系、5大类、18型，构成了中国梅花统一分类新体系。

植物园现有梅花品种的种系、类、型划分

种系	类	型	品种
真梅种系	直枝梅类	小细梅型	米良
		江梅型	白加贺、北斗星、道知边、古今集、红冬至、梅乡、雪月花、养老
		宫粉型	八重寒红、见惊、小宫粉
		绿萼型	白狮子、小绿萼、月影
		玉蝶型	虎之尾、三轮玉蝶、玉牡丹
		朱砂型	大盃、红千鸟、江南朱砂、云锦朱砂
		洒金型	复瓣跳枝
	垂枝梅类	粉花垂枝型	单粉垂枝
		白碧垂枝型	单碧垂枝
	龙游梅类	玉蝶龙游型	—
杏梅种系	杏梅类	单杏梅型	单瓣丰后、单瓣杏梅、入日之海
		春后型	淡丰后、丰后、江南无所、送春、武藏野
樱李梅种系	樱李梅类	美人梅型	美人梅

梅品种登录一览表

品种名	保存单位	国际登录号	品种名	保存单位	国际登录号
江南朱砂	武汉中国梅花研究中心	1926	八重寒红	北京植物园	2402
美人梅	北京林业大学梅菊圃	1933	白加贺	北京植物园	2403
三轮玉蝶	武汉中国梅花研究中心	1941	单瓣丰后	北京植物园	2403
送春	北京林业大学梅菊圃	1942	道知边	北京植物园	2410
小宫粉	武汉中国梅花研究中心	1950	古今集	北京植物园	2417
小绿萼	武汉中国梅花研究中心	1953	虎之尾	北京植物园	2420
银红台阁	无锡梅园	1958	梅乡	北京植物园	2427
大盃	中国南京中山陵园梅园	2015	江南无所	北京植物园	2429
淡丰后	武汉中国梅花研究中心	2020	入日之海	北京植物园	2432
单碧垂枝	武汉中国梅花研究中心	2024	武藏野	北京植物园	2439
单粉垂枝	武汉中国梅花研究中心	2025	雪月花	北京植物园	2445
丰后	武汉中国梅花研究中心	2039	养老	北京植物园	2447
红冬至	中国南京中山陵园梅园	2054	月影	北京植物园	2451
红千鸟	武汉中国梅花研究中心	2056	复瓣跳枝	中国南京中山陵园梅园	2616
见惊	中国南京中山陵园梅园	2063	杨贵妃	中国南京中山陵园梅园	2654

北京植物园各品种梅花基本形状

编号	品种	花期	位置	数量（棵）	花	花萼颜色	花瓣数量
1	八重寒红	3月中旬至3月下旬	梅园	1	淡紫红色	绛紫色	20～24
2	白加贺	4月上旬	梅园	1	白色	淡绿，部分为绛紫所掩	5
3	白狮子	4月上旬	梅园	1	白色	绿色	5
4	北斗星	4月上旬	梅园	1	白色	红色	5～6
5	大盃	3月下旬	梅园	2	深粉红色	深红色	5～8
6	单瓣丰后	4月上旬	梅园	1	淡粉色	绛紫	5
7	单瓣杏梅	4月上旬	梅园	10	淡水红色	鲜紫红色	5
8	单碧垂枝	4月上旬	梅园	6	白色	淡黄绿	5
9	单粉垂枝	3月下旬至4月上旬	梅园	5	极浅紫红	绿色而洒绛紫晕	5
10	淡丰后	3月下旬至4月上旬	梅园	15	浅粉红色	深绛紫色	20～22
11	道知边	3月下旬至4月上旬	梅园	2	粉色	淡绿，部分为绛紫所掩	5～7
12	丰后	3月下旬至4月上旬	梅园、北湖西岸	100	淡玫瑰红色	深绛紫色	16～22
13	复瓣跳枝	4月上旬至4月中旬	梅园	2	白色为主、粉红、半边粉红、白色洒红色条纹	淡绿底色，大部分为绛紫所掩	13～19
14	古今集	3月下旬至4月上旬	梅园	1	淡粉色	淡绿，大部分为绛紫所掩	5
15	红冬至	3月下旬	梅园	6	粉红色	淡绿，大部分为绛紫所掩	5
16	红千鸟	4月上旬	梅园	1	紫红色	紫褐色	5～8
17	虎之尾	3月中旬至3月下旬	梅园	1	白色	淡绿，部分为绛紫所掩	17～22
18	见惊	4月上旬	梅园	1	肉粉色	淡绿，大部分为绛紫所掩	重
19	江南无所	4月上旬	梅园	10	深粉红色	绛紫色	23～30
20	江南朱砂	3月下旬至4月上旬	梅园	10	深玫瑰紫红	深红色	21～25
21	开运垂枝	4月上旬	梅园	5	粉红	绛紫色	20～29
22	梅乡	3月下旬至4月上旬	梅园	1	白色	淡绿，大部分洒绛紫晕	5
23	米良	4月上旬	梅园	1	白色	绛紫色	5
24	入日之海	3月下旬至4月上旬	梅园	1	淡粉色	绛紫色	5
25	三轮玉蝶	3月下旬	梅园	5	纯白	淡绿，大部分为绛紫所掩	14～20
26	送春	3月下旬至4月上旬	梅园	10	淡紫色	淡褐绛紫	19～30
27	武藏野	4月上旬	梅园	6	淡粉色	绛紫色	19～25
28	小宫粉	3月下旬	集秀园	1	粉红色	绛紫色	16～22
29	小绿萼	4月上旬	集秀园	2	乳白	淡黄绿色	11～21
30	小梅	4月上旬	梅园	1	白色	绛紫色	5
31	雪月花	3月下旬至4月上旬	梅园	1	白色	淡绿，大部分洒绛紫晕	5～6
32	杨贵妃	4月上旬	梅园	10	粉红	红	复
33	养老	3月下旬	梅园入口	2	淡粉色	红中带绿	5～6
34	银红台阁	3月下旬	集秀园	1	粉红色	鲜绛紫色	22～36
35	玉牡丹	3月中旬至3月下旬	梅园	1	白色	淡绿，大部分为绛紫所掩	16～19
36	月影	3月下旬至4月上旬	梅园	1	白色	淡绿色	5～7
37	云锦朱砂	3月下旬	梅园	4	玫瑰红	绿色洒绛紫晕	15～21
38	美人梅	4月中旬	梅园、园内多处	1400	极浅紫至淡紫	淡绿而略洒淡紫红晕	25～28

'八重寒红'
Prunus mume 'Bachong Hanhong'

　　树冠略扁圆形，干紫褐灰色。花单朵着生于各类花枝上，以中、短花枝为主。花浅碗型，淡紫红色，花瓣层层相叠；萼片绛紫色。有清香。1998年自日本引入。

'白加贺'
Prunus mume 'Bai Jiahe'

　　树冠略扁圆形，枝干灰紫色。花单朵着生于各类花枝上，以短花枝为主。花白色，花瓣5；萼片平展，淡绿，部分为绛紫所掩。淡甜香。1998年自日本引入。

'白狮子'
Prunus mume 'Bai Shizi'

　　绿萼型，生长势中。干紫褐灰色，小枝直上、绿色、枝刺少。着花中等繁密，花径2.3cm，花白色，花瓣5。1998年自日本引入。

'北斗星'

Prunus mume 'Beidou Xing'

　　江梅型，生长势中；干紫褐色，小枝斜出，绿色，枝刺中。着花繁密，花径2.2cm，花白色，花瓣5～6。1998年自日本引入。

'大盃'

Prunus mume 'Da Bei'

　　朱砂型，生长势强；干紫褐色，小枝直上，绿色有紫斑，枝刺少。着花繁密，花径2.0cm，花深粉红色，花瓣5～8。1998年自日本引入。

'单瓣丰后'

Prunus mume 'Danban Fenghou'

　　树冠倒卵形至略扁圆形，枝干紫褐灰色。花极繁密，1～3（多1）着生于各类花枝上，以中、短花枝为主。花浅碗型，淡粉色；花瓣5；萼片略反曲，绛紫。有杏花香，易结实。1998年从日本引进。

'单瓣杏梅'
Prunus mume 'Danban Xingmei'

　　是梅与杏的杂交种。树冠扁圆形，枝叶略似杏。新叶红色，成叶浓绿；叶柄紫红，叶脉绿。花碗型，单瓣，淡水红色，近圆边、皱、贝壳状突起，微香；萼片鲜紫红色。抗寒性较强。

'单碧垂枝'
Prunus mume 'Danbi Chuizhi'

　　小枝淡黄绿，下垂。花蕾淡乳黄色；花浅碗型，近白色；萼片淡黄绿。

'单粉垂枝'
Prunus mume 'Danfen Chuizhi'

　　小枝暗黄绿，下垂。花蕾淡肉红色；花碟型，极浅紫色；萼片绿色而洒红晕。

'淡丰后'

Prunus mume 'Danfenghou'

树冠扁圆开张, 干红褐色, 小枝似杏。晚花品种, 白色花系, 无香味。花正面近白色, 反面极浅粉红; 萼片强烈反曲, 深绛紫色。原自日本引入。

'道知辺'

Prunus mume 'Dao Zhibian'

树冠扁圆形, 枝干紫褐灰色。花繁密, 1~3 (罕3) 着生于各类花枝上, 以中、短花枝为主。花浅碗至碟型, 粉色, 花瓣5~7; 萼片5~7, 淡绿, 部分为绛紫所掩, 平展至略反曲。甜香。1998年自日本引入。

'丰后'

Prunus mume 'Fenghou'

树干灰紫色, 小枝紫红色, 新梢浓红。新叶红, 老叶浓绿。先花后叶, 1~2朵生于中、短及束花枝上。花重瓣、淡玫瑰红色; 萼片深绛紫色。晚花品种, 无香味。原自日本引入。此品种花大色艳, 观赏价值高。

'复瓣跳枝'

Prunus mume 'Fuban Tiaozhi'

　　树冠开展扁圆形。早花品种，花碟型、疏叠，盛开背瓣略后翻，内瓣略内扣，内轮变瓣飞舞；花以白色为主，粉红、半边粉红、白色洒红色条纹。萼片淡绿底色，大部为绛紫色所掩。

'古今集'

Prunus mume 'Gu Jinji'

　　树冠倒卵形至略扁圆形，枝干紫褐灰色。花稀疏，单朵着生于各类花枝上，以短花枝为主。花浅碗型，正面白色，反面白色有粉晕，花瓣5；萼片5～6（罕6），平展，淡绿，大部分为绛紫所掩。清香。1998年自日本引入。

'红冬至'

Prunus mume 'Hongdongzhi'

　　江梅型，生长势强。干灰褐色，小枝直上、绿色，枝刺中；花较繁密，花径2cm，花粉色，花瓣5；萼片淡绿，大部为绛紫所掩。1998年自日本引入。

'红千鸟'

Prunus mume 'Hong Qianniao'

　　树冠略扁圆形。花色紫红，单瓣，少复瓣。花碟型，瓣爪较长，瓣基部分离；萼片紫褐色。花色艳丽，气味芳香。从日本引进。

'虎之尾'

Prunus mume 'Huzhiwei'

　　树冠略扁圆形，枝干紫褐色。花较稀疏、1～2朵着生于各类花枝上，多单朵着生。花浅碗型至碟型，层层疏叠，花型整齐，花白色；萼片5～7，平展，淡绿，部分为绛紫所掩。有花香。1998年自日本引入。

'见惊'

Prunus mume 'Jian Jing'

　　真梅种系宫粉型。花肉粉色，重瓣；萼片淡绿，大部分为绛紫所掩。

'江南无所'
Prunus mume 'Jiangnan Wusuo'

　　树冠扁圆形，枝干紫褐灰色。花浅碗型至碟型，花瓣3～4层，层层相叠，最外层瓣有2～3变皱瓣，花深粉红色；萼片5～8，略反曲，绛紫色，香味淡。1998年从日本引进。型其日语原名为"江南所无"，意思是"连江南这些盛产梅花名品的地方都没有这种梅花"，足见其珍贵！

'江南朱砂'
Prunus mume 'Jiangnan Zhusha'

　　早花品种，紫红色花系，浓香；花碟型，瓣约4轮，层层疏叠，或开时略向后翻；花正面淡紫，反面浓紫；萼片略反曲至强烈反曲。

'开运垂枝'
Prunus mume 'Kaiyun Chuizhi'

　　枝下垂。花蕾红色，中心有孔；花重瓣，淡玫瑰红色；萼片5～7，绛紫色，雌蕊退化。晚花品种，有香味，但非梅香。原自日本引入。

'梅乡'
Prunus mume 'Mei Xiang'

　　树冠扁圆形，枝干紫褐灰色。花蕾阔椭圆形，淡乳黄色；花浅碗型、白色，花瓣5；萼片淡绿，大部分洒绛紫晕，平展。清香。1998年自日本引入。

'米良'
Prunus mume 'Mi Liang'

　　树冠扁圆形，枝干紫褐灰色。花稀疏，1～2（罕2）着生于各类花枝上，以中、短花枝为主。花浅碗型至碟型、白色，花瓣5，萼片5，平展，绛紫色。甜香，不结实。1998年自日本引入。

'入日之海'
Prunus mume 'Ruri Zhihai'

　　树冠倒卵形，枝干紫褐灰色。花极繁密，1～3朵着生于各类花枝上。花浅碗型，正面白色，反面白色洒淡粉晕，花瓣5，花瓣有皱；萼片5，强烈反曲，绛紫色。有淡杏花香。1998年自日本引入。

'三轮玉蝶'
Prunus mume 'Sanlun Yudie'

　　树冠略扁圆形。早花品种，白色花系，清香；有少量枝刺，着花中等，花瓣3层，层层紧叠；萼片淡绿，大部分为绛紫所掩。

'送春'
Prunus mume 'Songchun'

　　树冠倒卵状长圆形，干灰褐，似桃干，小枝似杏。花瓣不整齐，多皱；花正、反面均淡堇紫，正面常比之略浅；最内层花瓣半粉半白；萼片淡褐绛紫，常在顶端焦黑。无香味，不结实，抗寒性强，优良品种。

'武藏野'
Prunus mume 'Wu Zangye'

　　树冠为不正圆形，枝干紫褐灰色。花为不正之浅碗型，瓣常扭曲，花淡粉色，内层花瓣皱缩；萼片略反曲至强烈反曲，绛紫色；内层花丝常扭卷，围绕雌蕊螺旋状排列。有香味。1998年自日本引入。武藏野是日本东京周围的一个地名。

'小宫粉'
Prunus mume 'Xiao Gongfen'

　　树冠淡紫褐色。花瓣碟型至浅碗型、平展、花瓣约3层、层层紧叠、内层有碎瓣飞舞；花色明丽，正面极浅堇紫，反面极浅紫；萼片绛紫色。甜香、易结实。

'小绿萼'
Prunus mume 'Xiao Lv'e'

　　树冠倒卵状圆形，枝干紫黑褐。早花品种，甜香；着花繁密，花浅碗型，外缘整齐，略内扣，花瓣层层紧叠，内瓣微波状，花为乳白色，萼片淡黄绿。适应性强，适合做切花。

'小梅'
Prunus mume 'Xiaomei'

　　花白色，直径极小、花瓣5；萼片绛紫色。

'雪月花'

Prunus mume 'Xue Yuehua'

　　树冠略扁圆形，枝干灰褐色。花稀疏，1～2（罕2）着生于各类花枝上，以短花枝为主。花浅碗型，白色，花瓣5～6（多5）；萼片5～6（多5），平展，淡绿，大部洒绛紫晕。清香，易结实。1998年自日本引入。

'杨贵妃'

Prunus mume 'Yangguifei'

　　杏梅的代表品种。它是梅花和杏的杂交种，一般花期较晚，兼具杏和梅的优点。花瓣直径可达4cm，花和花蕾都有很高的观赏价值，花蕾似朵朵小玫瑰，花浅碗型，花瓣边缘不整齐，全花瓣多皱，向内扣缩，内有碎瓣婆娑飞舞。1985年从日本引进。古人赏梅，曾提出梅以苍瘦为美，而杏梅品种的花，则以花色妖娆、雍容华贵著称，颇符合现代人审美的品位。

'养老'

Prunus mume 'Yang Lao'

　　树冠略扁圆形，枝干紫褐灰色。花1～2（罕2）着生于各花枝上，多中花枝。花浅碗至碟型，淡粉色，花瓣5～6（多5）；萼片5～6（偶6），平展或略反曲，淡绿，大部为绛紫所掩。清香。1998年自日本引入。

'银红台阁'
Prunus mume 'Yinhong Taige'

　　树冠长圆状倒卵形，枝干灰紫褐色。花碗型、层层疏叠、花桃红色，背面较深，全花着色不匀；雄蕊有瓣化现象；萼片鲜绛紫色；雌蕊2～4，台阁状；花心常有台阁。

'玉牡丹'
Prunus mume 'Yu Mudan'

　　树冠略扁圆形，枝干紫褐灰色。花浅碗型，花瓣3层，层层疏叠，白色，萼片5～7（多5），平展略反曲，淡绿，大部为绛紫所掩。清香。1998年从日本引进。

'月影'
Prunus mume 'Yue Ying'

　　树冠略扁圆形，枝干紫灰褐色。花单朵着生于各类花枝上，以中花枝为主。花浅碗型至碟型，白色，花瓣5～7；萼片5～6（多5），平展，淡绿。清香型。1998年自日本引入。

'云锦朱砂'
Prunus mume 'Yunjin Zhusha'

　　小枝直上或斜出，较暗黄绿色。花碟型，开后平展略后翻，花正面极浅紫，反面淡紫；萼片短而圆，多与花瓣紧贴。浓香，花有光泽，系优良品种。

美人梅
Prunus x blireana

　　晚花品种，粉红色花系，有香味。瓣边起伏飞舞，花心常有碎瓣，婆娑多姿，花正面极浅紫至淡紫，反面略深，为淡紫；萼片呈淡绿而略洒淡紫红晕，有细齿，反曲至强烈反曲。花、叶俱美，佳品。该品种系法国人于1895年在法国以红叶李与重瓣宫粉型梅花杂交后选育而成。能抗—30℃低温，适于我国三北地区。

桃 花
Prunus persica

科 属 蔷薇科李属

英文名 Peach

原产中国，逐渐传播到亚洲周边地区，从波斯传入西方，桃的拉丁名"*Persica*"意思就是波斯（今伊朗）。现在美国、地中海国家、澳大利亚等温暖地带都有种植。性喜阳光，耐寒，耐旱，不耐水湿；寿命短。

形态特征 落叶乔木，叶椭圆状披针形，叶缘有粗锯齿，无毛，叶柄长1~1.5cm，花单生，先叶开放，具短柄，多粉红色，5瓣。变种有深红、绯红、纯白及红白混色等花色变化以及复瓣和重瓣种。

桃字的含义有"多"的意思。李时珍在《本草纲目》中写道："桃性早花，易植而子繁，故字从木兆；十亿曰兆，言其多也，或云从兆，谐音也。"

桃是我国史前最重要的特产，很早就成为先民心目中神圣的吉祥物。在"夸父逐日"的神话中，夸父临死前掷杖化为桃林，给后来寻求光明的人解除饥渴（《山海经·海外北经》），已赋予桃特殊的地位。早在春秋时期，已盛行用桃木制品来避邪祈福，如桃弓、桃印、桃符、桃梗、桃人、桃橛等。直到今天，桃花及其果还被人们作为美丽、喜庆、长寿、幸福的象征。桃花的花语为娇羞的美女。

桃花与我国人民的生活有着密不可分的联系，也是历代咏花诗的重要题材。早在2000多年前的《诗经》中，就有不少咏桃花的诗句，如《周南·桃夭》：

诗经 • 周南 • 桃夭

桃之夭夭，灼灼其华。

之子于归，宜其室家。

桃之夭夭，有蕡其实。

之子于归，宜其家室。

桃之夭夭，其叶蓁蓁。

之子于归，宜其家人。

在众多咏桃花的诗中，崔护的这首流传最广：

题都城南庄

崔　护

去年今日此门中，人面桃花相映红。

人面不知何处去，桃花依旧笑春风。

用途　桃花是我国传统的园林花木，其树态优美，枝干扶疏，花朵丰腴，色彩艳丽，为早春重要观花树种。桃核可以榨油；其枝、叶、果、根俱能入药；桃木细密坚硬，可供雕刻用。

繁殖及栽培管理　桃花繁殖以嫁接为主，多用切接或盾形芽接。砧木华东多用毛桃，北方则用山桃。

桃花主要栽植于植物园碧桃园，该景区为桃花的主要观赏区，它位于植物园中轴路东侧，北面与丁香园相连，南面是盆景园和人工湖，东临树木园，西面与牡丹园隔路相望。碧桃园建于1983年，占地3.4公顷，现在已收集、栽植桃花60多个品种5000余株，是世界上收集观赏桃花品种最多的专类园。北京植物园的桃花，无论是在品种还是数量上都是世界首屈一指的。也正是因为品种多、数量大，加上个体之间丰富的差异性所产生的强烈群体效果，才使得桃花节可以持续将近一个月的桃花观赏期，形成独特的景观效果。桃花花期为4月上旬至5月上旬。

北京植物园观赏桃的分类

一、真桃花系：纯属桃（*Prunus persica*）的血统。枝、叶、芽、花均具有桃的典型性状。

（一）直枝桃类：此类为小乔木，小枝直立或斜出，枝条节间长。根据花的性状分为5个型，即单瓣型、梅花型、月季花型、牡丹花型和菊花型。

'白碧'桃

Prunus persica 'Bai Bi Tao'

花白色，梅花型，花瓣排列整齐，花丝平展。整体及个体效果均佳。

'北京紫'

Prunus persica 'Beijing Zi'

小枝紫色，着花稀；花单瓣，淡粉色。叶紫色。

'碧桃'

Prunus persica 'Bi Tao'

花肉粉色，花形很似牡丹，内瓣扭曲；花丝白色。

'单白'桃

Prunus persica 'Dan Bai'

花白色，花瓣5枚，盘状；花瓣边缘稍内卷。

'单粉'桃

Prunus persica 'Dan Fen'

花粉色或浅粉色，花瓣5枚，偶有6～9枚；花丝成束状，浅粉色或深粉色。

'二色'桃
Prunus persica 'Er Se Tao'

花浅粉色与深粉色跳枝,外轮花瓣外翻,内轮向里卷。

'绯桃'
Prunus persica 'Fei Tao'

花深红色,瓣基白色,形似牡丹。花瓣有的如剪绒,有的好似纸做的,花色不亮;花丝白色很少外露。

'寒红'桃
Prunus persica 'Han Hong Tao'

花亮红色,花心白色;花丝长短不等,有的紧贴于花瓣上,似梅花。'寒红'桃在北京地区为红色桃花中最早的品种,仅次于'白花山碧'桃。

'红碧'桃
Prunus persica 'Hong Bi Tao'

　　花亮红色，呈月季花型，外轮花瓣平展，内轮两侧稍卷；花丝白色，后变红色。

'红油'桃
Prunus persica 'Hong You Tao'

'绛桃'
Prunus persica 'Jiang Tao'

　　枝条绛红色。花绛紫色，花心白色；花型规正，花丝有的贴在花瓣上，似梅花。花期4月中旬。花后有少量结果，果小，绿色，似小毛桃。叶片较厚，浓绿色，比一般的桃叶稍大。

'菊花'桃
Prunus persica 'Juhua Tao'

　　菊花桃是从日本引进的桃花品种，其花瓣细长如丝，酷似菊花，花重瓣，粉红色，美丽娇艳，含苞待放时，好似羞涩的少女婀娜多姿，花朵盛开时更显妩媚妖娆，花丝细长鲜艳，好似红头绳，花药金黄色，如米粒大小点缀在花心之中，绚丽多彩。始花期4月中下旬，花期长达20余天。

'京舞子'
Prunus persica 'Kyou Maiko'

　　花红色、碗状；花瓣长披针形，边缘反卷。此品种为菊花型的桃花新品种，北京植物园1998年首次从日本引进。

'瑞仙'桃
Prunus persica 'Rui Xian Tao'

　　一枝二色，花粉、红复色；花盘状，似月季，内轮花瓣扭卷；花丝白色或粉色。

'洒红'桃
Prunus persica 'Sa Hong Tao'

花粉、红、白复色，以白色花为主，远观为白色上有星星点点的粉色或红色。

'晚白'桃
Prunus persica 'Wan Bai Tao'

花白色，花型活泼，花心突出；内轮花瓣皱卷或扭曲。花期较晚。

'五宝'桃
Prunus persica 'Wu Bao Tao'

一花二色，花红、粉复色，也有粉色花上洒红条纹的；花呈半球形，似牡丹。

'紫叶'桃
Prunus persica 'Zi Ye Tao'

叶紫色；花绛红色，花的特征和'绛桃'极为相似；花瓣平展，花丝浅粉。

北京植物园直枝类桃花基本形状一览表

品种	花蕾形状	萼片轮数	萼片数量（枚）	萼片形状	萼片颜色	花径(cm)	花瓣数量(枚)	花瓣形状	花期
'白碧'桃	卵圆形	2	10	三角状卵形	绿色	4～6	15～30	广卵形	4月中旬
'北京紫'	—	1	5	—	紫色	—	5	—	4月中旬
'碧桃'	圆头形	2	10	外轮三角形，内轮卵形	紫绿色	5～6	40～85	—	4月中下旬
'单白'桃	圆头状	1	5	三角状卵形	绿色	2.5～3.5	5	广卵形	4月上中旬
'单粉'桃	长圆形	1	5	—	紫色	2.5～3.5	5，偶6～9	广卵形	4月中下旬
'二色'桃	圆球形	2	5基数	卵形	紫色带绿晕	4.5～6.0	20～40	广卵形	4月中下旬至5月初
'绯桃'	圆头形	—	—	—	—	4～5	45～85（偶120）	广卵形	4月下旬
'寒红'桃	广卵形	2	10	三角状卵形	紫色带绿晕	4.5～5	20～30	广卵形	4月上旬
'红碧'桃	扁球形	2	5基数	—	—	4.5～5.5	30～45	—	4月中下旬
'绛桃'	长头形	2(偶1)	—	长卵形	—	3.5～4.5	20～30	卵圆形	4月中旬
'菊花'桃	长圆头形	2	10	三角状卵形	紫色	3.5～4	25～35	—	4月中旬
'京舞子'	—	—	—	—	—	3～4	25～35	—	4月中下旬
'瑞仙'桃	圆头形	2	10	—	—	5～6	40～50	—	4月中旬
'洒红'桃	广卵形	2	10	—	绿色上有紫色条纹	4～5	45～70	广卵形	4月中下旬
'晚白'桃	圆头形	2	10	三角状卵形	绿色	4～5	25～40	卵圆形	4月下旬至5月上旬
'五宝'桃	圆头形	2	外轮5，内轮5～8	卵状三角形	绿色带有紫晕	4～5	40～70	长卵形	4月下旬
'紫叶'桃	卵圆形	5	—	—	—	4	25～30	—	4月中旬

（二）帚桃类：小乔木，树体比直枝桃类小。枝条直立，分枝角度小，着生紧密。包括复帚型。

北京植物园于1998年首次从日本引进以下4个品种的帚桃：

'照手红'

Prunus persica 'Terutebeni'

　　小枝灰黄色、直立，分枝角度小；花亮红色，花瓣20枚以上，形似梅花；花径4cm左右，花期4月中旬。

'照手姬'

Prunus persica 'Terutemhime'

　　小枝灰黄色、直立，分枝角度小；花淡粉色，花瓣26～30，花径4.2cm左右，着花密度近'照手桃'的3倍，花期4月中旬，稍晚于'照手桃'。

'照手桃'

Prunus persica 'Terutemomo'

　　小枝灰黄色、直立，分枝角度小；花粉红色，花瓣22枚左右，花径4.4cm左右；花期4月中旬。

'照手白'

Prunus persica 'Teruteshiro'

　　小枝绿色、直立，分枝角度小；花纯白色，花瓣30枚以上，形似梅花；花径3.8cm左右，花期4月中旬。

（三）寿星桃类：枝条节间短，着生紧密，全树呈乔木状矮灌木。包括单寿型、寿碧型。

'单瓣寿白'
Prunus persica 'Dan Ban Shou Bai'

花白色，单瓣、碗状，边缘微皱。

'单瓣寿粉'
Prunus persica 'Dan Ban Shou Fen'

花粉色，单瓣、碗状、花瓣边缘有白晕；花丝粉色。

'寿白'
Prunus persica 'Shou Bai'

树冠圆球形；花白色，盘似梅花，边缘稍内卷。

'寿粉'
Prunus persica 'Shou Fen'

树冠扁球形，干皮深灰色，小枝绿色带紫晕；着花中等，花粉色。

'寿红'
Prunus persica 'Shou Hong'

树冠圆球形；花红色、碟状、似梅花；内轮花瓣稍内卷；花心和花丝初期为白色，后期变为粉红色。

北京植物园寿星类桃花基本形状一览表

品种	花蕾形状	萼片轮数	萼片数量(枚)	萼片形状	萼片颜色	花径(cm)	花瓣数量(枚)	花瓣形状	花期
'单瓣寿白'	长卵形	—		三角状卵形	—	3～4	5	长圆形	4月中前
'单瓣寿粉'	卵形	—		长卵形	绿色带紫晕	2～3		—	4月中旬
'寿 白'	广卵形	2	10	三角状卵形	绿色上面带有紫色条纹	3.5～4.5	15～25	广卵形	4月中下旬
'寿 粉'	—	—				3～4	25～40		4月中旬
'寿 红'	卵形	2	10	卵形	紫色	2.5～3.5	15～25	广卵形	4月中下旬

（四）垂枝桃类：树体呈小乔木状，小枝拱形下垂，树冠伞形，根据花瓣数和花形分为单垂型和垂碧型。

'黛玉垂枝'
Prunus persica 'Dai Yu Chui Zhi'

　　树冠伞形，花淡粉色、近白，无跳枝现象；花盘状。花期4月中下旬，略早于其他垂枝桃。

'源平垂枝'
Prunus persica 'Genpeishidare'

　　花白、粉复色，单瓣。花期4月中旬。

'红雨垂枝'
Prunus persica 'Hong Yu Chui Zhi'

　　小枝拱形下垂，紫褐色；花亮红色，碟状，似梅花；花瓣平展，花丝疏散，白色后转粉红色。花期4月中旬。

'云龙'桃

Prunus persica 'Unriu Momo'

花粉色。小枝细且弯曲似波浪，每个枝条就像一条小龙在飞翔，整株树的枝条特具动感。花期4月中旬。

'五宝垂枝'

Prunus persica 'Wu Bao Chui Zhi'

花浅粉色、肉粉色，或者两者相间的复色；花盘状，似梅花。花期4月中下旬。

'鸳鸯垂枝'

Prunus persica 'Yuan Yang Chui Zhi'

树冠伞形，拱形下垂；粉色花与白色花共生一枝，淡雅又富于变化。花开时分花帘低垂，是观赏桃花中难得的珍品。花期4月下旬。

'朱粉垂枝'
Prunus persica 'Zhu Fen Chui Zhi'

树冠伞形，小枝拱形下垂；花粉色与粉红色跳枝、花形不规则，内轮稍皱或卷曲；花丝前期白色，后期变为粉红色。花期4月中下旬。

北京植物园垂枝类桃花基本形状一览表

品种	花蕾形状	萼片轮数	萼片数量（枚）	萼片形状	颜色	花径(cm)	花瓣数量（枚）	花瓣形状	花期
'黛玉垂枝'	圆头形	2	10	三角状卵形	紫色	3	12～18	广卵形	4月中下旬
'源平垂枝'	—	1	5	—	—	3	5	—	4月中旬
'红雨垂枝'	圆头形	2	5～7	—	紫色	2.5～3.5	5～15	广卵形	4月中旬
'五宝垂枝'	卵形	2	10	卵形	—	2.5～3.5	20～30	卵圆形	4月中下旬
'鸳鸯垂枝'	—	—	—	—	—	3～4	20～30	—	4月下旬
'朱粉垂枝'	圆头形	2		三角状卵形	—	3～4	25～33	卵状	4月中下旬

二、山桃花系：系桃与山桃的杂交种，枝、芽、叶、花具有桃花和山桃的双重性状，雌蕊早期萎蔫或无雌蕊。

杂种山桃类：树皮光滑，似山桃；小枝细长、无毛，树体比直枝桃类大。包括白山碧型。

'白花山碧' 桃
Prunus persica × davidiana 'Bai Hua Shan Bi Tao'

树体高大，枝型开展。树皮光滑，深灰色或暗红褐色。萼片两轮，外轮5～6枚，内轮5～8枚；花白色，复瓣，梅花型。花径4～5cm；花瓣25～35枚，广卵形，平展；有粉香，无雌蕊。花期在所有桃花中最早。

'粉花山碧' 桃
Prunus persica × davidiana 'Fen Hua Shan Bi Tao'

树形明显具有父本'白花山碧桃'的高大，树皮灰褐，较光滑；花径3.5～4.3cm，花瓣13～18枚，花色淡粉，花药橘红色，花萼紫红色。花期4月上旬。

'粉红山碧'桃

Prunus persica × davidiana 'Fen Hong Shan Bi Tao'

　　树形有父本'白花山碧桃'的典型特征，高大、开展、树皮较光滑；花径3.5～4.5cm、花瓣15～20枚，花药橘红色，花萼紫红色、花色粉红。花期4月上旬。

　　'粉花山碧'桃及'粉红山碧'桃为北京植物园1999年育成的两个早花品种。此类桃花兼具山桃树体的高大、良好抗性和真桃花系的复瓣及花期较长的优点，而其最大的应用价值还在于花期的适时性，完全可以弥补北京地区4月上旬春花的断档期。

樱 桃
Prunus pseudocerasus

科　属　蔷薇科李属

英文名　Cherry

　　产华北、华东、华中、西南；朝鲜、日本也有分布。

　　形态特征　落叶小乔木，高5～6m。叶卵状椭圆形，先端渐尖或尾尖，基部圆形，叶缘具尖锐重锯齿。伞房花序，花瓣白色，先叶开放，径1.5～2.5cm，瓣端凹缺，萼筒钟状。核果近球形，红色或橘红色。

　　樱桃在古代被视为贵果。唐时尤重视，新进士必有"樱桃宴"的盛事，以示庆贺。

　　宋·范成大《樱桃花》诗曰："借暖冲寒不用媒，匀朱匀粉最先来。王梅一见怜疾小，教向旁边自在开。"

　　电影《我们村里的年轻人》插曲中唱出了樱桃不仅花艳果鲜，还蕴藏着催人奋进的人生哲理，其中一段歌词为："樱桃好吃树难栽，不下苦功花不开。幸福不会从天降，社会主义等不来。"

用途 花期早，果实累累，公园栽植供观赏；各地广作果树栽培；种仁可药用。樱桃花粉是一种具有特殊营养价值的、待开发的生物资源。樱桃树脂是很好的工业原料。

樱桃主要栽植于植物园樱桃沟自然保护区、卧佛寺等处。花期4月上旬至中旬。

樱桃与樱花的区别 樱桃叶片边缘的重锯齿齿尖有腺但无芒；而樱花的叶边缘重锯齿齿尖有芒或腺。此外，樱桃的果实为红色；而樱花的果实为黑色。

大山樱
Prunus sargentii

科　属　蔷薇科李属
英文名　Sargent Cherry
别　名　虾夷山樱、红山樱

原产日本、俄罗斯及朝鲜，我国引栽。耐寒性较强。

形态特征 落叶大乔木，高15～20m。干皮栗褐色，有环状条纹。叶较宽而粗糙，椭圆状倒卵形，幼叶常常带紫色或古铜色，长7～12cm，基部圆形，稀浅心形或广楔形，先端尾状渐尖，边缘具尖锐重锯齿。花2～4朵簇生，花梗长1.5～3cm，花径3～4cm；花瓣倒卵形，粉红色，先端微凹。

花大而色艳，为樱花类的上品。秋天叶极早变为橙色或红色，颇为华丽。大山樱与樱花相近，主要区别为前者花少，不为总状花序，苞片小，花瓣粉红色，果黑紫色，易于区别。

近代郑尔雅写有樱花诗："昨天如雪花，明日花如雪。山樱如美人，红颜易销歇。"大山樱花开满树，一经风雨，落英满地。

大山樱为1973年春天日本首相田中角荣赠送给北京的，栽植于碧桃园，数量较少。花期4月上旬。

樱 花
Prunus serrulata

科　属　蔷薇科李属

英文名　Cherry Blossom，Japanese Flowering Cherry

产中国、朝鲜、日本。喜光，喜温暖，不耐盐碱。根系较浅，忌积水低洼地。有一定的耐寒和耐旱力。

形态特征　落叶乔木，高15～25m。树皮暗栗褐色，平滑有光泽，有横纹。叶互生，卵状椭圆形，长4～10cm，边缘有芒齿，先端尖而有腺体，表面深绿色，有光泽，背面苍白色。花白色或淡粉红色，花瓣先端有缺刻，无香，径2.5～4cm，萼筒钟状或筒状，花单生枝顶或3～5朵簇生呈伞形或伞房状花序。

樱花花色丰富，花期整齐，常常一夜之间就能繁花满枝，但花期很短，在日本有一民谚说："樱花七日"，就是指一朵樱花从开放到凋谢大约为7天，整棵从开花到全谢大约16天左右，形成樱花边开边落的特点。

赵师秀在《采桑子》中写道"梅花谢后樱花绽，浅浅匀红。试手天工，百卉千葩一信通。余寒未许开舒妥，怨雨愁风。结子筼笼，万颗匀圆讶许同。"敬爱的周总理青年时代曾在日本留学，很喜爱樱花，在他的17首诗中有5首写到樱花。其中一首《春日偶成》："樱花红陌上，柳叶绿池边。燕子声声里，相思又一年。"

樱花花语为生命、幸福、一生一世永不放弃、一生一世只爱你。

用途　可用作行道树、庭荫树，也可用于专类园、园路及园林小区。适合列植、丛植，群植效果更佳。还可遍植成樱花林，北京玉渊潭公园就有专供观赏的樱花园。也可制作盆景。树皮和新鲜嫩叶可药用。

繁殖及栽培管理　播种、扦插和嫁接繁殖。修剪主要是剪去枯萎枝、徒长枝、重叠枝及病虫枝。

樱花主要栽植于植物园碧桃园、丁香园、水生园、北湖北岸及西岸等多处，数量较少。花期4月上旬至中旬。

山 杏
Prunus sibirica

科　属　蔷薇科李属
英文名　Apricot, Siberian Apricot
别　名　西伯利亚杏

产我国东北及华北地区；俄罗斯、蒙古也有分布。喜光，耐寒性强，耐干旱瘠薄。

形态特征　小乔木，高3～5m。小枝多刺状。叶较小，卵圆形、近扁圆形或心形，长4～5cm，宽3～4cm，先端尾尖，基部宽楔形，锯齿圆钝。花单生，白色或粉红色，径约2.5cm；花萼圆筒形；花瓣近圆形，径约1cm，多两朵生于一芽，近无梗；叶前开花。

杏花开时，恰逢清明前后，多有蒙蒙细雨，以致许多人一提到杏花，便想到春雨，杜牧的《清明》更是家喻户晓："清明时节雨纷纷，路上行人欲断魂。借问酒家何处有，牧童遥指杏花村。"

用途　可作杏树的砧木。种仁味苦，供药用。山杏除含糖类、蛋白质、脂肪外，含量最丰富的是维生素B$_{17}$等成分。维生素B$_{17}$是极有效的抗癌物质，且只对癌细胞有杀伤作用，而对正常的细胞和健康组织无毒性。

繁殖及栽培管理　抗性强，易管理。

山杏主要栽植于植物园曹雪芹纪念馆北门内、槭树蔷薇区。花期4月上旬。

山杏和山桃的区别　树干明显不同，山杏为灰黑色，粗糙；山桃为紫红色，光亮。此外，山杏花萼筒较长，萼片反折，山桃花萼筒较短，萼片不反折。

辽梅山杏
Prunus sibirica var. *pleniflora*

科　属　蔷薇科李属
别　名　毛叶重瓣山杏

原产辽宁，系野生变种。抗寒，抗旱，抗病。

形态特征　落叶小乔木，树冠半圆形，树姿开张。多年生枝红褐色，表皮光滑无毛。1年生枝灰褐色，节间长1.8cm。叶片卵圆形，基部宽楔形，先端渐尖，叶色绿，正反面均多茸毛，无光泽；叶缘不整齐，单锯齿。白色重瓣花，每朵花花瓣30余枚，花径3cm左右。花蕾期约7天，花萼粉红色，为观赏佳期。

辽梅山杏无论株型还是花型都颇似梅花，开花时满树繁花似云，清香馥郁，蕾期和花期10～15天，颇具观赏价值。

用途　抗寒力强，弥补了南方梅花难抵北方严寒的缺陷，有"北方梅花"之美誉，是珍稀的观赏树木。

辽梅山杏主要栽植于植物园中环路东侧路旁。花期4月上旬。

毛樱桃
Prunus tomentosa

科　属　蔷薇科李属
英文名　Nanking Cherry, Downy Cherry
别　名　山豆子

原产中国，主产华北、东北、西北及西南地区。性喜光，也很耐阴、耐寒、耐旱，也耐高温，适应性极强，寿命较长。

形态特征　落叶灌木，高2~3m；幼枝密被绒毛，冬芽3枚并生。叶椭圆形或倒卵形，长3~5cm，缘有不整齐尖锯齿，两面具绒毛。花白色或略带粉红色，径1.5~2cm，萼筒管状，萼片红色。果红色，径0.8~1cm。

用途　在园林中的应用空间很广，可与早春黄色系花灌木迎春、连翘配植应用，反映春回大地、欣欣向荣的景象；也适宜配置以常绿树为背景的景观，突出色彩的对比。另外，还适宜在草坪上孤植、丛植，配合玉兰、丁香等构建疏林草地景观。果可生食，酸甜可口。

繁殖及栽培管理　播种、嫁接、分株繁殖均可。生长强健，管理简单。毛樱桃主要栽植于植物园樱桃沟入口处、槭树蔷薇区等处。花期4月上旬。

毛樱桃与榆叶梅的区别　毛樱桃的叶倒卵形至椭圆形，下面密生长绒毛，小枝密生短绒毛；花萼筒呈圆筒形，花瓣白色或淡粉色。榆叶梅的叶倒卵圆形，常有3裂，叶无细绒毛，下面仅有短柔毛，小枝光亮无毛；花萼筒呈宽钟状，花瓣粉红色，有重瓣变型。果熟时毛樱桃红亮光滑；榆叶梅果大而被绒毛，仅向阳处稍有红晕。

榆叶梅
Prunus triloba

科　属　蔷薇科李属
英文名　Flowering Almond, Flowering Plum, Manchu Cherry
别　名　榆梅、小桃红

原产中国北部，现今各地几乎都有栽培。广泛生于东北、华北及西北东南陕、甘地区。喜光，不耐阴，极耐寒，耐旱，耐盐碱，忌水涝。对土质要求不严，在中性、微酸性及弱碱性土壤上均能良好生长。

形态特征　落叶灌木，高2～3m，小枝细长。叶倒卵状椭圆形，长2.5～5cm，先端有时有不明显3浅裂，重锯齿。花1～2朵，腋生，淡粉红或玫瑰红色，径2～3cm；先花后叶。花瓣近圆形或宽倒卵形，雄蕊约25～30，短于花瓣。果近球形，红色，密被柔毛。

因其叶似榆，花如梅，故名"榆叶梅"。植株呈半球形，布满色彩艳丽的花朵，十分美丽壮观。榆叶梅品种极为丰富，据调查，北京有40多个品种，且有花瓣达到100枚以上者，还有长梗等类型。

榆叶梅与碧桃先后开放，花形相似，但只要看一下树叶，很容易就能区别开来。碧桃的叶是桃叶，即狭长的披针形，叶面有光泽；而榆叶梅的叶很像榆树叶，叶宽卵形至倒卵形，边缘多锯齿，叶面有疏毛，幼叶多褶皱。

用途　中国北方春季园林中的重要观花灌木。北京园林中最常用，以反映春光明媚、花团锦簇的欣欣向荣景象。与柳树间植或配植山石间，更显春色盎然。在园林或庭院中宜与苍松翠柏丛植，或宜与连翘配植，孤植、丛植或列植为花篱，景观极佳。

繁殖及栽培管理　分株、嫁接、压条、扦插、播种等方法进行繁殖。重瓣品种用实生苗为砧木嫁接。播种苗多分离，有单瓣、重瓣及花色变异后代。栽培管理中需注意修剪，花后施肥，以保证来年有足够的花枝。

榆叶梅主要栽植于植物园碧桃园、槭树蔷薇区等多处。花期4月上旬。

紫叶稠李
Prunus virginiana

科　属　蔷薇科李属

英文名　Purple-leaf Bird Cherry

喜光也耐阴，抗寒力较强，怕积水，不耐干旱瘠薄，宜湿润肥沃的沙质壤土。

形态特征　落叶乔木，高达7～8m，小枝光滑，短枝开花。叶卵状长椭圆形至倒卵形，先端渐尖，基部圆形或近心形，缘具细尖锯齿。花白色，有清香，约20朵排成下垂之总状花序，长4～6cm。

花序长而下垂，花白如雪，极为壮观。初生叶为绿色，进入5月后随着温度升高，逐渐转为紫红绿色至紫红色，秋后变成红色，衬以紫黑果穗，十分美丽。

用途　是良好的观花、观叶、观果树种，也是一种蜜源植物，种仁含油，叶片可入药。

繁殖及栽培管理　以播种繁育为主，也可分蘗繁育，或以山桃为砧木嫁接。

紫叶稠李主要栽植于植物园紫薇园入口、盆景园南部、中湖东岸等多处，还栽有'舒伯特'紫叶稠李和'精选'加拿大稠李（*P. virginiana* 'Shubert Select'）。花期4月上旬至中旬。

紫叶稠李
4月下旬部分叶变为红色。

紫叶稠李

紫叶稠李
6月上旬叶全部变为紫红色。

'舒伯特'紫叶稠李
P. virginiana 'Shubert'

栽植于植物园槭树蔷薇区。花期4月中旬至下旬。

紫叶矮樱
Prunus × cistena

科　属　蔷薇科李属

紫叶矮樱适应性强，对土壤要求不严格，在排水良好、肥沃的沙壤土、轻度黏土上生长良好。喜光，亦稍耐阴，耐寒力较强。

形态特征　小乔木或灌木，株高2.5m，冠幅1.8～2.5m，枝条紫红色。单叶互生，叶长卵形或卵状长椭圆形，长4～8cm，先端渐尖，叶缘有不整齐的细钝齿，新叶亮红色，老叶暗紫色。花单生，中等偏小，淡粉红色，花瓣5枚，微香。

紫叶矮樱为矮樱桃与紫叶李的杂交种（*P. pumila* × *P. cerasifera*）。树形椭圆，叶片稠密，其色感效果好，在整个生长季节内其叶片呈紫红色，亮丽别致。

用途　是城市园林绿化优良的彩叶配置树种，用作高位色带效果最佳。由于其叶色艳丽，株形优美，孤植、丛植的观赏效果都很理想，还可制成中型和微型盆景，经造型后点缀居室、客厅，古朴典雅。耐强修剪，而且越修剪叶色越艳，是制作绿篱、色带、色球等的上选之材。

繁殖及栽培管理　一般采用嫁接和扦插繁殖，嫁接砧木一般采用山杏、山桃，以杏作为砧木最好。抗病力强，很少有病虫危害。

紫叶矮樱栽植于植物园南门入口东侧、科普馆南侧、泡桐白蜡区等多处。花期4月中旬，观赏期为3月下旬至11月中旬。

梨
Pyrus bretschneideri

科　属　蔷薇科梨属
英文名　Bretschneider Pear
别　名　白梨、北方梨

原产中国北部及西北部。喜冷凉干燥气候及肥沃湿润的沙质土，耐水湿。

形态特征　落叶小乔木，高6～9m，小枝粗壮，赤褐色，花叶同放或先花后叶。叶卵形至椭圆状卵形，长5～11cm，基部广楔形至近圆形，缘有刺芒状尖锯齿，齿尖微向内曲。伞形总状花序，花白色，径2～3.5cm，花药紫红色。果近球形，黄色。

梨花靓艳寒香，洁白如雪，唯其过洁，也最容易受污。元好问有《梨花》一诗，最形象地描绘出梨花的品格："梨花如静女，寂寞出春暮。春工惜天真，玉颊洗风露。素月淡相映，肃然见风度。恨无尘外人，为续雪香句。孤芳忌太洁，莫遭凡卉妒。"

梨花在我国的栽培历史悠久，自古以来深受人们的喜爱，其素淡的芳姿及淡雅的清香更是博得诗人的推崇。苏东坡在《东栏梨花》中写道："梨花淡白柳深青，柳絮飞时花满城。惆怅东栏一株雪，人生看得几清明？"将梨花写得最富奇趣的当推唐代大诗人岑参的《白雪歌送武判官归京》中的"忽如一夜春风来，千树万树梨花开"。这里是将树上的雪比喻成盛开的梨花。

用途 可孤植于庭院，或丛植于开阔地。梨果除鲜食外，还可制梨干、梨脯、梨膏糖、梨水罐头、梨酒。梨花有美容效果。梨果有止咳、利大小便的作用。

繁殖及栽培管理 繁殖多用杜梨为砧木进行嫁接。栽培管理与苹果相似，较为容易。

梨花栽植于植物园曹雪芹纪念馆第三展室院内。花期4月上旬至中旬。

豆 梨
Pyrus calleryana

科 属 蔷薇科梨属
英文名 Callery Pear
别 名 鹿梨、赤梨、梨丁子

原产中国，栽培遍及全国。耐寒。属华北及中原乡土树种。

形态特征 落叶乔木，高5～8m。叶片宽卵形至卵形，长4～8cm，宽3.5～6cm，基部圆形至宽楔形，边缘有钝锯齿。伞形总状花序，具花6～12朵，花瓣卵形，基部具短爪，白色；雄蕊20，稍短于花瓣；花柱2，稀3。梨果球形，径约1cm，黑褐色。

豆梨叶圆如大叶杨，干有粗皮外护，枝撑如伞。春季开花，花色洁白，清香飘逸。

用途 木材致密可作器具。

豆梨栽植于植物园北湖东北部。品种为'秋辉'豆梨（*P. calleryana* 'Autumn Blaza Common'）和'红尖'豆梨（*P. calleryana* 'Redspire'）。花期4月上旬。

'红尖'豆梨

鸡 麻
Rhodotypos scandens

科　属　蔷薇科鸡麻属
英文名　Jetbead，Black Jetbead
别　名　白棣棠、山葫芦、水葫芦秆

原产中国、日本、朝鲜半岛南部。喜光，耐半阴，耐寒，怕涝，耐修剪，萌蘖力强。

形态特征　落叶灌木，高约2m。老枝紫褐色，小枝初为绿色，后变为浅褐色。单叶对生，卵形或卵状椭圆形，叶面皱折、叶脉下凹，缘具重锯齿。花两性，单生于当年小枝顶端，副萼4，条形或披针形；花瓣4，近圆形，白色，径3～4cm。

鸡麻和蔷薇科的大多数种类不太一样，它的花只有4个花瓣，而且是单叶，对生的。但因为它的花是周位花，雄蕊多数，所以属于蔷薇科。

用途　鸡麻花叶清秀美丽，宜丛植于草地、路缘、角隅或池边，也可植山石旁。果及根药用，治血虚肾亏，为滋补强壮剂。

繁殖及栽培管理　播种、分株、扦插繁殖均可，多用分株法。生性强健，一般不用施肥。

鸡麻栽植于植物园碧桃园、北湖西岸等多处。花期4月上旬至中旬。

黄蔷薇
Rosa hugonis

科　属　蔷薇科蔷薇属

英文名　Father Hugo Rose，Golden Rose of China

产山东、山西、陕西、甘肃、青海、四川等地。喜光，耐旱性强。

形态特征　落叶灌木，高2.5m；枝细长而拱曲，具扁刺及刺毛。小叶5～13，卵形、椭圆形或倒卵形，先端圆钝或急尖，边缘有锐锯齿。花单生于叶腋，无苞片，径约5cm；花瓣黄色，宽倒卵形，先端微凹，基部宽楔形；雄蕊多数，着生在坛状萼筒口的周围。

黄蔷薇的花语为永恒的微笑。明代张新《黄蔷薇》诗曰："并占东风一种香，为嫌脂粉学姚黄。饶他姊妹多相妒，总是输君浅淡妆。"

本种与黄刺玫相似，惟枝光滑，有扁刺，且叶缘皆尖锐锯齿可别。

用途 花期早而长，宜植于庭园观赏。

繁殖及栽培管理 扦插易活。

栽植于植物园月季园。花期4月下旬至5月上旬。

报春刺玫
Rosa primula

科　属　蔷薇科蔷薇属
英文名　Primrose Rose
别　名　樱草蔷薇

产我国西北、华北地区至土耳其。北京偶见栽培。

形态特征 落叶丛生灌木，高2m；小枝细，多硬直扁刺，无刺毛。小叶7~15，椭圆形，长0.6~1.2cm，重锯齿，齿端及叶背有腺点，无毛，叶揉碎后有香气。花淡黄色变黄白色，径3~4cm，单生，有香气。果近球形，径约1cm，红棕色。

用途 其花期比黄刺玫略早，是北方春天重要观花灌木，宜丛植或篱植。

报春刺玫栽植于植物园管理处医务室门前。花期4月上旬至中旬。

玫 瑰
Rosa rugosa

科　属　蔷薇科蔷薇属
英文名　Turkestan Rose, Rugosa Rose
别　名　梅桂、徘徊花、刺客、离娘草

原产我国华北以及日本和朝鲜。我国各地均有栽培。喜光，不耐阴，耐寒，耐旱，不耐积水。

形态特征　直立丛生灌木，高2m。茎枝灰褐色，密生刚毛与倒刺。小叶5～9，椭圆形或椭圆形状倒卵形，先端急尖或圆钝，边缘有尖锐锯齿。花单生叶腋，或数朵聚生，花径4～5.5cm；花瓣倒卵形，重瓣至半重瓣，紫红色至白色，芳香。

玫瑰花色艳味香，使人流连忘返，留恋徘徊，故又名"徘徊花"。玫瑰用分株繁殖极易成活，又名"离娘草"。自古玫瑰用于生产香料而栽培，国外常与月季、蔷薇种植一起，构成玫瑰园。

中国是玫瑰的故乡，其历史极为古老。在山东临朐县的地层中曾发现过玫瑰化石，距今已有1200万年。世界许多国家的人民喜爱玫瑰花。基督教的经典《圣经》中8次提到了玫瑰。英国诗人彭斯的《一朵红红的玫瑰》，谱成曲，成为英国人人会唱的歌曲。德国文学名匠歌德的名作《荒野上的玫瑰》，已由曲作家谱成曲，流传四方。保加利亚素以"玫瑰之国"闻名于世。

唐代徐夤的："芳菲移自越王台，最似蔷薇好并栽。秾艳尽怜胜彩绘，嘉名谁赠作玫瑰。春藏锦绣风吹拆，天染琼瑶日照开。为报朱衣早邀客，莫教零落委苍苔。"很是妙趣！

明代陈淳有一咏玫瑰诗云："色与香同赋，江乡种亦稀。邻家走儿女，错认是蔷薇。"此诗头两句写玫瑰的花色和香气均应赞美，在江畔农村是稀有的，后两句说邻家小孩错认玫瑰为蔷薇，这是从另一角度赞美玫瑰的奇珍，也说明玫瑰与蔷薇有时让人分不清。

用途　在庭院中宜作花篱及花境，也可丛植于草坪、坡地观赏。鲜花可以蒸制芳香油，供食用及化妆品用，花瓣可以制饼馅、玫瑰酒、玫瑰糖浆，干制后可以泡茶，花蕾入药治肝、胃气痛、胸腹胀满。

繁殖及栽培管理　玫瑰花繁殖与栽培容易。繁殖多用播种、分株、扦插进行。

玫瑰栽植于植物园月季园。花期5月上旬。

玫瑰、月季、蔷薇的区别　玫瑰、月季、蔷薇是蔷薇科蔷薇属中的三朵姐妹花。由于长期杂交育种，造成这三者"你中有我，我中有你"的状况。但三者还是有区别的：玫瑰和月季都是直立灌木，而蔷薇是蔓性的，枝多细长而下垂。玫瑰枝干上着生密刺，体态较粗放，月季枝干上刺较稀疏，幼梢及嫩叶常带紫红色，体态端庄而秀丽。西方一些国家，对蔷薇、月季、玫瑰不细分，一般统称Rose。

黄刺玫
Rosa xanthina

科　属　蔷薇科蔷薇属
英文名　Manchu Rose
别　名　黄刺莓、刺玫花、硬皮刺玫

原产东北、华北至西北，现各地广为栽培。喜光，稍耐阴，耐寒力强，耐干旱和瘠薄，不耐水涝。对土壤要求不严，在盐碱土中也能生长。

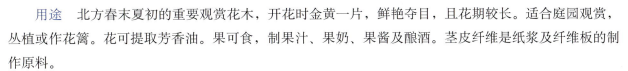

形态特征　落叶灌木，小枝褐色或褐红色，具硬直刺。奇羽状复叶，小叶7～13，宽卵形或近圆形，先端圆钝，基部宽楔形或近圆形，边缘有锯齿。花单生于叶腋，重瓣或半重瓣，黄色，无苞片，花径约4.5～5cm。果球形，红褐色。

黄刺玫花黄叶绿，绚丽多姿，于桃李争艳之后，独放异彩。盛花时，花满枝梢，浓香袭人，确有"朵朵精神叶叶柔，雨晴香拂醉人心"的情趣。

用途　北方春末夏初的重要观赏花木，开花时金黄一片，鲜艳夺目，且花期较长。适合庭园观赏，丛植或作花篱。花可提取芳香油。果可食，制果汁、果奶、果酱及酿酒。茎皮纤维是纸浆及纤维板的制作原料。

繁殖及栽培管理　繁殖多用分株、压条及扦插法，但以分株繁殖为主，宜于早春萌芽前进行。少病虫害。

黄刺玫栽植于植物园月季园、碧桃园、曹雪芹纪念馆附近等多处。花期4月下旬。

棣棠与黄刺玫的区别　棣棠与黄刺玫都开黄色中型花，所以常有人将二者记混。其实只要仔细观察，很容易区别开来：棣棠枝条绿色，无毛，单叶，互生，三角卵形，边缘有重锯齿；黄刺玫枝条紫褐色，奇数羽状复叶，小叶宽卵形或近圆形，7～13枚。

绣球绣线菊
Spiraea blumei

科　属　蔷薇科绣线菊属
英文名　Blume Spiraea
别　名　珍珠绣球、补氏绣线菊

分布范围广泛，东北地区和西北地区南部、华北、华东、华中、华南均有生长。喜光也较耐阴，耐寒，抗旱，但怕积水，对土壤要求不严，萌蘖能力强。

形态特征　落叶灌木，高2m，小枝细长而稍弯曲。叶片菱状卵形，长2～3.5cm，先端圆钝或微尖，边缘自近中部以上有少数缺刻状锯齿或3～5浅裂，具不明显的3脉或羽状脉。伞形花序有总梗，具花10～25朵，花白色，径5～8mm，雄蕊较花瓣短。

用途　树姿优美，花色洁白，是良好的春季观花树种，作为园林点缀树种，如有绿色树丛为背景，尤能引人入胜。叶可代茶，根、果供药用。

繁殖及栽培管理　播种、扦插、分株均易成活，生长良好。

绣球绣线菊栽植于植物园北湖东岸。花期5月上旬。

绒毛绣线菊
Spiraea dasyantha

科　属　蔷薇科绣线菊属
英文名　Hairyflower Spiraea
别　名　毛花绣线菊、石崩子、筷子木

主产我国黄河流域及东北、内蒙古；朝鲜、蒙古、俄罗斯也有分布。喜光，耐寒，耐旱，耐瘠薄。生于山地阳坡、灌丛、林缘。北京山区低海拔处多见。

形态特征　落叶灌木，高3m；小枝细，呈明显之字形曲折。叶菱状卵形，长2～4.5cm，先端急尖或圆钝，基部楔形并全缘，中上部有缺刻状钝锯齿，表面深绿色，背面密被白色绒毛，羽状脉显著。伞形花序半球形，密被灰白色绒毛，具花10～20朵，花小而白色。

用途　花洁白，花序丰满美丽，宜植于庭院观赏。

绒毛绣线菊栽植于植物园玉簪园、椴树蔷薇区等处。花期4月中旬。

粉花绣线菊
Spiraea japonica

科　属　蔷薇科绣线菊属
英文名　Japanese Spiraea
别　名　日本绣线菊、蚂蟥梢、火烧尖

原产日本、朝鲜，我国各地有栽培。性强健，喜光照，亦略耐阴，耐寒，耐旱。

形态特征　落叶灌木，高1.5m。叶卵形至卵状椭圆形，长2～8cm，先端尖，叶缘有缺刻状重锯齿，上面暗绿色，下面色浅或有白霜。花淡粉红色至深粉红色，偶有白色者，簇聚于有短柔毛的复伞花序上；花径0.4～0.7cm，花瓣卵形至圆形，雄蕊较花瓣长。

用途　花色娇艳，花朵繁多，可在花坛、花境、草坪及园路角隅处构成美景，亦可作基础种植之用，还可用作切花。

繁殖及栽培管理　扦插或分株繁殖。

粉花绣线菊栽植于植物园北湖沿岸。花期4月下旬至5月上旬。植物园有10余个品种的粉花绣线菊。

笑靥花
Spiraea prunifolia

科　属　蔷薇科绣线菊属
英文名　Bridalwreath Spiraea
别　名　李叶绣线菊

产长江流域；日本、朝鲜亦有分布。喜光，稍耐阴，耐寒，耐旱，耐瘠薄，亦耐湿，对土壤要求不严，在肥沃湿润土壤中生长最为茂盛。

形态特征　落叶灌木，高3m；小枝细长，稍有棱角。叶小，卵形或椭圆形，长1.5～3cm，基部全缘，中部以上有锐锯齿，似李叶。花小，白色，径约1cm，重瓣；伞形花序无总梗，具花3～6朵，基部着生数枚小形叶片。

用途　笑靥花春天展花，色洁白，繁密似雪，如笑靥。宜丛植池畔、山坡、路旁或树丛之边缘，亦可成片群植于草坪及建筑物角隅。

繁殖及栽培管理　扦插或分株繁殖。生长健壮，管理粗放。萌蘖性强，耐修剪。

笑靥花栽植于植物园槭树蔷薇区。花期4月中旬至下旬。

珍珠花
Spiraea thunbergii

科　属	蔷薇科绣线菊属
英文名	Thunberg Spiraea
别　名	珍珠绣线菊、喷雪花

原产中国及日本。喜光，喜湿润而排水良好的土壤，较耐寒。

形态特征　落叶灌木，高1.5m。枝条纤细而开展，呈弧形弯曲，小枝有棱角。叶细小，狭长披针形，长2～4cm，宽0.5～0.7cm，中部以上有尖锐细锯齿。伞形花序无总梗，基部有数枚小叶片，花小而白色，每个花序有花3～7朵，花径5～7mm。

早春花开放前花蕾形若珍珠，开放时繁花满枝，宛若喷雪，秋叶橘红色，观赏价值较高。

用途　珍珠花树姿婀娜，叶形似柳，开花如雪，宜丛植草坪角隅、林缘、路边、建筑物旁或作基础种植，亦可作切花用。

珍珠花栽植于植物园绚秋苑、中湖南岸。花期4月上旬至中旬。

毛果绣线菊
Spiraea trichocarpa

科　属	蔷薇科绣线菊属
英文名	Korean Spiraea
别　名	石蚌树

产于我国辽宁及内蒙古东部；朝鲜半岛也有分布。喜光，稍耐阴，耐干旱气候，耐寒，对土壤要求不严。

形态特征　落叶灌木，株高2m。小枝有棱角，不孕枝常无毛，无花枝弯曲，有短柔毛。叶长圆形或倒卵状长圆形，全缘或不孕枝上的叶先端有数个锯齿，两面无毛。花白色，复伞房花序着生在侧生小枝顶端，径3～5cm，多花，密被短柔毛；花径5～7mm。

用途　宜植于池畔、山坡、路旁、崖边。

繁殖及栽培管理　生性强健，不需要精细管理。

毛果绣线菊栽植于植物园北湖东岸、北岸。花期4月下旬至5月上旬。

三裂绣线菊
Spiraea trilobata

科　属　蔷薇科绣线菊属
英文名　Threelobed Spiraea
别　名　三桠绣线菊、石崩子

原产我国东北、华北等地；北京广泛栽培。喜光，耐干旱。常生于山崖岩石裂缝中，故有石崩子之别名。

形态特征　落叶灌木，高1～2m。小枝细，开展，稍呈之字形弯曲。叶片近圆形，长1.5～3cm，先端钝、通常3裂，边缘自中部以上有少数圆钝锯齿，两面无毛，背面灰绿色，具明显3～5出脉。伞形花序具总梗，无毛，有花15～30朵。花白色，萼筒钟状。

三裂绣线菊是北方山区最常见的绣线菊属植物。绣线菊属是蔷薇科原始的属之一。它的5个雌蕊是离生的，正常发育时可形成5个蓇葖果。按进化趋势，心皮是由离生走向合生的。

本种叶片变异较大，上部多为长大于宽或长宽近相等，基部广楔形或圆形；下部多为宽大于长，基部近圆形或浅心形。

用途　可植于路边、屋旁、公园岩石旁等处。根状茎含单宁，为鞣料植物。

三裂绣线菊栽植于植物园槭树蔷薇区等多处。花期5月上旬。

紫 荆
Cercis chinensis

科　属	云实科紫荆属
英文名	Chinese Redbud
别　名	满条红、乌桑、裸枝树

产中国、朝鲜半岛。喜光，有一定的耐寒性，喜肥沃、排水良好的土壤，不耐涝。

形态特征　落叶灌木或小乔木，高2～4m。单叶互生，心形，长5～13cm，全缘，两面光滑无毛，叶脉掌状。花假蝶形，玫瑰红色，4～10朵簇生于老枝及茎干上；花萼阔钟状；花两侧对称，上面3片花瓣较小。

早春时节，紫荆闻春而绽，一枝枝，一匝匝，如染、如画。看那一簇簇的花朵紧紧相拥，在春光里燃烧起如火如荼的激情。那花有玫瑰一样的颜色，形如一群翩飞的蝴蝶，密密层层，满树嫣红。

在我国古代，紫荆常被用来比拟亲情，象征兄弟和睦、家业兴旺。南朝吴钧的《续齐谐记》有这么一个典故：传说南朝时，京兆尹田真与兄弟田庆、田广三人分家，当别的财产都已分置妥当时，最后才发现院子里还有一株枝叶扶疏、花团锦簇的紫荆不好处理。当晚，兄弟三人商量将这株紫荆截为三段，每人分一段。第二天清早，兄弟三人前去砍树时发现，这株紫荆枝叶已全部枯萎，花朵也全部凋落。田真见此状不禁对两个兄弟感叹道："人不如木也。"后来，兄弟三人又把家合起来，并和睦相处。那株紫荆好像颇通人性，也随之又恢复了生机，且生长得花繁叶茂。

唐代韦应物的《见紫荆花》诗曰："杂英粉已积，含芳独暮春；还如故园树，忽忆故园人。"大概就是用此典故，怀念兄弟之作。

用途　宜于庭院、建筑物前及草坪边缘丛植观赏；如与连翘、迎春、棣棠等早春黄色花木并植，开花时金紫相映，相得益彰。树皮和花梗入药，有解毒、消肿活血等功效。木材纹理直，结构细，可供家具、建筑等用。

繁殖及栽培管理　播种、分株、扦插、压条等方法繁殖，主要以播种为主。萌蘖性强，耐修剪。

紫荆栽植于植物园槭树蔷薇区南部、月季园等多处。花期4月上旬至中旬，先花后叶。

巨紫荆
Cercis gigantean

科　属　云实科紫荆属

英文名　Giant Redbud

原产中国浙江、河南、湖北、广东、贵州等地。适应力极强，耐寒，耐旱，有较强的耐涝能力，喜光，宜栽植于肥沃、排水良好的土壤上。

形态特征　落叶乔木，高达20m。树皮黑色，平滑，老树有浅纵裂纹。叶近圆形，长5.5~13.5cm，先端短尖，基部心形。先叶开花，7~14朵簇生老枝，花梗长1.2~2cm，紫红色，无毛，萼暗紫红色，花冠淡红或淡紫红色。果长6.5~14cm，腹缝具翅，先端渐尖，紫红色。

巨紫荆树冠伞形，叶前开放，初春开花，极像紫蝶，花期15~20天。春花秋景红绿相映，情景非凡，唯因如此"南京药物园"（现名情侣园）的设计中早有应用巨紫荆，开创了巨紫荆在城市园林绿化中应用的先例。

本种在我国分布范围相对狭窄，是现存林木极少的乡土树种，如不加强保护与开发利用，可能会濒临灭绝。

用途　适合绿地孤植、丛植，或于湿润山谷、山坡、河畔与其他树木混植，构建森林公园和自然风光的风景林；也可作庭荫树或行道树，与常绿树配合种植。木材边材白色，心材黄色，坚硬细致，纹理直，供建筑、家具等用。

繁殖及栽培管理　以播种繁殖为主，也可分株。如每年去除萌蘖，保持独干，可成为乔木，开花更为壮观。

巨紫荆栽植于植物园中湖北岸。植物园还栽有同属植物加拿大紫荆（*C. canadensis*）和滇紫荆（*C. yunnanensis*）等。花期4月上旬至中旬。

糙叶黄芪
Astragalus scaberrimus

科　属	豆科黄芪属
英文名	Coarse-leaf Milkvetch
别　名	春黄芪

分布于我国东北、华北、河南、山东及陕西、甘肃等地。北京平原、山区均多见。

形态特征　茎贴地匍匐而生，全株有丁字形和伏生白毛。奇数羽状复叶，小叶7～15，较小，椭圆形，长不过1.5cm，先端圆，两面有丁字毛。总状花序腋生，有花3～5朵；花冠白色或黄白色，旗瓣椭圆形，端微凹。荚果圆柱形。

糙叶黄芪喜生于旱地，小花白色，贴地而生，远看有点像碎纸屑。它的叶片远看灰白色，近看实际是被有许多丁字形白毛。早春开花，故又称"春黄芪"。

糙叶黄芪为植物园野生地被。花期4月上旬至中旬。

锦鸡儿
Caragana sinica

科　属	豆科锦鸡儿属
英文名	Chinese Peashrub
别　名	金雀花、土黄豆、粘粘袜、酱瓣子、阳雀花

我国华北、华东等地区均有分布。喜光，喜温暖，耐干旱。

形态特征　落叶丛生灌木，高2m；小枝有角棱，长枝上的托叶及叶轴硬化成针刺。偶数羽状复叶互生，小叶4，成远离之两对，长倒卵形，长1.5～3.5cm，先端圆或微凹，基部楔形。花单生，橙黄色，旗瓣狭倒卵形，翼瓣稍长于旗瓣。

用途　锦鸡儿枝繁叶茂，花冠蝶形，黄色带红，展开时似金雀。在园林中可丛植于草地或配置于坡

地、山石边；亦可供制作盆景或切花。花、根可入药。

繁殖及栽培管理　播种或分株繁殖。

锦鸡儿栽植于植物园丁香园。花期4月中旬。

鱼鳔槐
Colutea arborescens

科　属　豆科膀胱豆属

英文名　Common Bladdersenna

原产北非及南欧地中海沿岸，我国北京、大连、青岛、南京有零星引种栽培。性强健，适应性强，喜光照充足的环境，好土层深厚肥沃土壤。

形态特征　落叶灌木，高1~4m，小枝幼时有毛，羽状复叶有小叶7~13枚，长圆形至倒卵形，长1~3cm，先端凹或圆钝，有突尖，叶背有突毛。总状花序长5~6cm，具6~8朵花，花冠鲜黄色，旗瓣向后反卷，有红条纹，翼瓣与龙骨瓣等长。荚果扁囊状，极似鱼鳔。

用途　花鲜黄色，应用于花坛、花境中作配衬植物，观赏性较高。

繁殖及栽培管理　播种或分株繁殖。

鱼鳔槐栽植于植物园北湖西岸山坡上。始花期5月，7月可二次开花，此时可观察到花、果同树的优美景观。

米口袋
Gueldenstaedtia multiflora

科　属　豆科米口袋属

英文名　Manyflower Gueldenstaedtia

　　分布于我国东北、华北、西北及华东，朝鲜、俄罗斯也有分布。生于向阳草地、干山坡、沙质地、草甸草原或路旁等处。

　　形态特征　多年生草本，矮小，高4～20cm，全株被白色长绵毛，果期后毛渐稀少。奇羽状复叶，多数丛生于根状茎或短缩茎上端，小叶9～19，广椭圆形、椭圆形、长圆形、卵形或近披针形等，两面被白色长绵毛，有时表面毛少或近无毛。总花梗自叶丛间抽出数个至十数个，顶端集生2～5(8)朵花，排列成伞形；花冠堇紫色，旗瓣基部渐狭成爪，翼瓣基部有细爪。

　　用途　全草入药，叫做"甜地丁"，煎服主治各种化脓性炎症、痈肿、高热烦躁、肠炎、痢疾等。亦可作饲料。

　　米口袋为植物园野生地被。花期4月上旬。

羽扇豆
Lupinus polyphyllus

科　属　豆科羽扇豆属
英文名　Washington Lupine，Many-leaved Lupine
别　名　多叶羽扇豆、鲁冰花

原产北美西部。性耐寒，喜凉爽湿润、阳光充足气候；忌炎热，略耐阴。要求肥沃、排水良好的微酸性至中性轻壤或沙壤土。

形态特征　多年生草本，常作2年生栽培。叶多基生，掌状复叶，小叶9～16枚。轮生总状花序，在枝顶排列紧密，长可达60cm，小花蝶形，花粉、红、橙、黄、白、蓝紫等色；萼片5枚，分上下不等的两部分；蝶形花冠，旗瓣直立，边缘背卷，翼瓣顶端联成一体包围着龙骨瓣。园艺栽培的还有杂交大花种，色彩变化很多。荚果，被绒毛，种子黑色。

羽扇豆因其根系具有固肥的功能，在我国台湾地区的茶园中广泛种植，被台湾当地人形象地称为"母亲花"。但台湾对羽扇豆采用了音译的名字"鲁冰花"。

用途　适宜布置花坛、花境或在草坡中丛植，亦可盆栽或作切花。茎叶主要用于青饲料和放牧，也可制作优良青贮，为猪和乳牛良好的饲料。种子是含蛋白很高的精饲料，并用作绿肥和覆盖作物，也是蜜源和观赏植物。

繁殖及栽培管理　播种、扦插繁殖。因其直根性而不宜移植，可用穴盘播种后移栽。

羽扇豆为植物园春季花坛、花境草花。花期5月上旬，可开至6月。

黄花木
Piptanthus concolor

科　属　豆科黄花木属

英文名　Greenleaf　Piptanthus

分布西藏、云南、四川、甘肃、陕西等地。生于草地、林下或林边。

形态特征　灌木，高1～4m。枝圆柱形，具沟棱。掌状3出复叶，矩圆状披针形或矩圆形，长4～10cm，上面深绿色，下面被白色平伏毛。总状花序顶生，具花3～7轮，每轮有花2～7朵；花冠黄色，花较小，长2～2.5cm。荚果线形，扁平。

用途　园林中可作疏林下木或林缘灌木。种子入药，治风热头痛、急性结膜炎、高血压、慢性便秘。

黄花木在植物园数量较少。花期4月上旬。

刺 槐
Robinia pseudoacacia

科　属　豆科刺槐属
英文名　Black　Locust
别　名　洋槐

原产北美，1601年就引入欧洲，1877年后引入中国南京，1897年引入山东。生长快，是世界上重要的速生树种。喜光，喜温暖湿润气候，对土壤要求不严，适应性很强。有一定抗旱能力，不耐水湿，浅根性树种，怕风，易倒伏。

形态特征　落叶乔木，高10～25m，树冠椭圆状倒卵形。树皮灰黑褐色，纵裂；枝具托叶刺。奇羽状复叶互生，小叶7～19，椭圆形，全缘，先端圆或微凹并有小刺尖。总状花序腋生，下垂；花白色，芳香，花冠蝶形，旗瓣有爪，基部具黄色斑点。荚果扁平，长4～10cm。

刺槐树冠高大，叶色鲜绿。每当开花季节绿白相映，素雅而芳香。冬季落叶后，枝条疏朗向上，很像剪影，造型有国画韵味。

用途　多以水土保持林、防护林、薪炭林树种应用。还可作为行道树、庭荫树、工矿区绿化及荒山荒地绿化的先锋树种。刺槐木材坚硬，耐水湿，可供矿柱、枕木、车辆用材；花是优良的蜜源植物，还可浸膏用作调香原料；嫩叶、花可食，现已成为城市居民的绿色蔬菜；种子榨油供做肥皂及油漆原料。

繁殖及栽培管理　繁殖可用播种、分蘖、根插等法，以播种繁殖为主。

刺槐广泛栽植于植物园内，月季园西部及树木园有成年树。植物园还栽有其他6个品种的刺槐。花期5月上旬。

刺槐和国槐的区别

1. 刺槐的树皮为纵状深裂，而国槐为规则的浅裂。
2. 刺槐4～5月开花，花有香味，且花为总状花序，而国槐6～7月开花，花无香味，且花序为圆锥花序。
3. 刺槐的叶子前端为圆形，而国槐叶子的前端为渐尖。
4. 刺槐的果为荚果扁平状，而国槐的果为荚果串珠状且为肉质。

红花刺槐
R. pseudoacacia 'Decaisneana'

又叫粉花刺槐，原产美国。适宜作庭荫树、行道树、防护林。栽植于卧佛寺前广场及生产温室北部。花期5月上旬。

'单叶'洋槐
R. pseudoacacia 'Unifoliola'

栽植于卧佛寺前广场。花期5月上旬。

白车轴草
Trifolium repens

科　属	豆科车轴草属
英文名	White Clover，White Trefoil
别　名	白花三叶草、白花苜蓿

原产欧洲东南部，现世界温带和亚热带地区广为种植。我国东北、华北、中南、西南、华东等地均有栽培。喜温暖、向阳的环境和排水良好的沙壤土或黏壤土。耐寒，耐热，耐霜，耐旱，耐践踏，不耐阴。

形态特征　多年生草本。匍匐茎无毛，长达60cm。复叶有3小叶，互生，小叶倒卵形或倒心形，深绿色，先端圆或微凹，基部宽楔形，边缘具细锯齿，表面无毛，背面微有毛；托叶椭圆形，顶端尖，抱茎。总状花序，由20～40朵小花密集成头状。花冠白色或带粉红色。

四叶草是由白车轴草变异而来。传说中的四叶草（Clover）是夏娃从天国伊甸园带到大地上的，又名三叶草，通常只有3瓣叶子，找到4瓣叶的几率只有万分之一，隐含得到幸福及上天眷顾；如能找到5瓣叶子，甚至喻为可拥有统治大地的权力，只有时来运到时才有此机遇。如果能在草丛中，连续发现到三片幸运草（4瓣叶子的才叫幸运草）的话，你之后遇到的第一名异性，极可能成为你的白马王子。

用途　花叶兼优，可用作切花。为良好的水土保持植物，又为优良牧草，也可作绿肥。全草供药用，有清热、凉血的功效。

繁殖及栽培管理　繁殖力强，可播种、分根、扦插繁殖。常与禾本科草种混播。

白车轴草为植物园野生地被。始花期5月上旬，可延续数月。

大花野豌豆
Vicia bungei

科　属	豆科野豌豆属
英文名	Largeflower Vetch，Bunge Vetch
别　名	三齿萼野豌豆、三齿草藤、山鲩豆

分布于我国东北、华北及河南、陕西、甘肃、四川等省。多生于山谷、荒地及农田。

形态特征　1年生草本。茎细弱，多分枝。偶数羽状复叶，叶轴末端成分枝的卷须；小叶6～12，矩圆形、倒卵状矩圆形、长椭圆形至线形，先端截形或凹，具小尖头，基部圆形至宽楔形，上面无毛，下面疏被柔毛；托叶半箭头形，具尖齿牙。总状花序腋生，具2～4朵花；花萼钟形，萼齿不等长，下面一个萼齿最长；花冠蓝紫色，蝶形。荚果矩圆形，稍扁。

用途　全株可作饲料及绿肥。

大花野豌豆为植物园野生地被。花期4月中旬至5月上旬。

紫 藤
Wisteria sinensis

科　属	豆科紫藤属
英文名	Chinese Wisteria，Purplevine
别　名	朱藤、招藤、招豆藤、藤萝

原产中国，朝鲜、日本亦有分布。为暖带及温带植物，对气候和土壤的适应性强，较耐寒，能耐水湿及瘠薄，喜光，较耐阴。缠绕能力强，对其他植物有绞杀作用。

形态特征　落叶攀缘缠绕性大藤本，茎向上攀缘，长可达18～30m。羽状复叶互生，小叶7～13，卵状长椭圆形，成熟叶无毛或近无毛。花蝶形，堇紫色，芳香；成下垂总状花序。叶前或与叶同时开放，花开半月不凋。荚果长条形，密生黄色绒毛。

暮春时节，正是紫藤吐艳之时，但见一串串硕大的花穗垂挂枝头，紫中带蓝，灿若云霞。灰褐色的枝蔓如龙蛇般蜿蜒。紫藤为长寿树种，民间极喜种植，自古以来中国文人皆爱以其为题材咏诗作画。在庭院中用其攀绕棚架，制成花廊，或用其攀绕枯木，有枯木逢生之意。还可做成姿态优美的悬崖式盆景，置于高几架、书柜顶上，繁花满树，老桩横斜，别有韵致。

李白曾有诗云："紫藤挂云木，花蔓宜阳春，密叶隐歌鸟，香风流美人。"生动地刻画出了紫藤优美的姿态和迷人的风采。《花经》中有"紫藤缘木而上，条蔓纤结，与树连理，瞻彼屈曲蜿蜒之伏，有若蛟龙出没于波涛间。仲春开花。"老舍在《为晋阳饭店题书》中写道："驼峰熊掌岂堪夸，猫耳拨鱼实且华。四座风香春几许，庭前十丈紫藤花。"这晋阳饭店原为纪晓岚宅邸，此紫藤为纪晓岚手植，现仍年年花繁叶茂。

紫藤的花语为浪漫之花、沉醉的爱、醉人的恋情、依依的思念。

用途　优良的观花藤本植物，一般应用于园林棚架，适栽于湖畔、池边、假山、石坊等处。花可炒作菜食，北京的"紫萝饼"和一些地方的"紫藤糕"、"紫藤粥"及"炸紫藤鱼"、"凉拌葛花"等都是加入了紫藤花做成的。茎叶供药用。

繁殖及栽培管理　紫藤繁殖容易，可用播种、扦插、压条、分株、嫁接等方法。日常管理简单。

紫藤栽植于植物园樱桃沟自然保护区、丁香园、北湖东岸等处；其中樱桃沟自然保护区的紫藤为北京市最古老的紫藤。花期4月中旬至下旬。

翅果油树
Elaeagnus mollis

科　属　胡颓子科胡颓子属

英文名　Wingfruit Elaeagnus

中国特有种，国家二级保护珍稀濒危植物。星散分布于山西和陕西局部地区。生于海拔800~1500m的山坡。喜光，抗寒，抗风，耐干旱和贫瘠土壤，适宜在干旱地区生长，不耐水湿。

形态特征　落叶乔木，高11m左右；树皮深灰色，深纵裂。叶互生，卵形或卵状椭圆形，全缘，叶背面密被灰白色星状柔毛，侧脉10~12对。花两性，淡黄绿色，1~3花生于新枝基部叶腋；无花瓣，萼筒钟形，具8棱脊；雄蕊4，花丝短。

用途　种仁含油量高，可供食用；花含蜜量大；根系发达，根瘤固氮可改良土壤；叶含氮量较高；材质坚硬。本种既是木本油料植物、蜜源植物和用材树种，又是干旱地区营造水土保持林的优良树种，故其经济价值较高。

繁殖及栽培管理　用种子繁殖。种子寿命较短，不宜久藏。晚秋地封冻前，选择比较平缓的山地，将水选过后的种子开沟条播，翌年春发芽。用嫩枝扦插亦可繁殖。

翅果油树栽植于植物园王锡彤墓园南门入口西南部。花期4月下旬。

秋胡颓子
Elaeagnus umbellata

科　属　胡颓子科胡颓子属
英文名　Autumn Elaeagnus, Autumn Oleaster
别　名　牛奶子

原产长江流域及其以北地区；朝鲜、日本、越南、泰国、印度也有分布。阳性，喜温暖气候，不耐寒。

形态特征　落叶灌木，株高4m，通常有枝刺；小枝黄褐色，外被银白色糠秕状鳞片。叶长椭圆形，长3～7cm，表面幼时有银白色鳞斑，背面银白色或杂有褐色鳞斑。花黄白色，芳香，花被筒部较裂片长；2～7朵成腋生伞形花序。果卵圆形或球形，长5～7mm，橙红色。

用途　果红色美丽，可植于庭院观赏，或作防护林下木。果可食，也可酿酒和药用。

秋胡颓子栽植于植物园绚秋苑、王锡彤墓园南门外。花期4月下旬至5月下旬。

古代稀
Godetia amoena

科　属	柳叶菜科古代稀属
英文名	Stain Flower
别　名	高代花、送春花、别春花

原产美国加利福尼亚州北部沿海。既怕冷，又畏酷热，在温暖湿润的环境中生长繁茂。

形态特征　2年生草本植物，叶互生，形如柳树叶。花单生或数朵簇生在一起成为简单的穗状花序，花瓣4，紫桃红至雪青色，园艺品种有红色、鲜桃色、白色。花后结硕果。

古代稀，是其拉丁名"*Godetia*"的音译。或白瓣红心，或紫瓣白边，或粉瓣红斑，极富变化！又因英文名有"再会，春天"之意，故也称"别春花"。其花语为虚荣。

用途　古代稀可成片种植于花坛、花镜，因植株匍匐生长，花芽直立，花朵离地面比较近，盛开时如同鲜花铺满地毯，非常艳丽，是重要的园林点缀花卉。此外，还可盆栽，用于装饰会场、阳台、窗台等处。

繁殖及栽培管理　种子细小，容易散失，应注意采收。生长期保持土壤湿润，每周施一次薄肥，并给予充足的阳光。繁殖可在秋季播种，气候温暖地区可露地播，在寒冷地区可温室育种，4月移栽。

古代稀为植物园春季花坛、花境草花。花期5月上旬。

红瑞木
Cornus alba

科　属　山茱萸科梾木属
英文名　Tatarian Dogwood, Siberian Dogwood
别　名　红梗木、凉子木、红瑞山茱萸

　　产我国东北、华北、西北、华东等地；朝鲜半岛及俄罗斯也有分布。喜光，性极耐寒，耐旱，耐半阴，耐湿、耐瘠薄、耐修剪，喜较深厚、湿润肥沃疏松的土壤。

　　形态特征　落叶灌木，高3m；树皮黄绿色，枝落叶后变紫红色。叶对生，纸质，椭圆形。伞房状聚伞花序顶生，较密；花小，白色或黄白色，直径6～8.2mm，花萼4裂；花瓣4，卵状椭圆形；雄蕊4，花药淡黄色。核果长圆形，成熟时乳白色或蓝白色。

　　用途　园林中多丛植草坪上或与常绿乔木相间种植，得红绿相映之效果。红瑞木用于清热解毒、止痢、止血，主治湿热痢疾、肾炎、风湿关节痛、中耳炎等。

　　繁殖及栽培管理　用播种、扦插和压条法繁殖。

　　红瑞木栽植于植物园北湖沿岸。始花期4月下旬，可延续至6月。

灯台树
Cornus controversa

科　属　山茱萸科梾木属
英文名　Giant Dogwood
别　名　女儿木、六角树

原产中国辽宁、河南、陕西、甘肃、山西、山东及长江流域各地，日本、朝鲜半岛亦有分布。喜温暖气候及半阴环境，适应性强，耐寒，耐热，生长快。宜在肥沃湿润及疏松、排水良好的土壤上生长。

形态特征　落叶乔木，高15～20m。树皮暗灰色，枝条紫红色。叶互生，宽卵形或宽椭圆形，先端渐尖，基部圆形，上面深绿色，下面灰绿色。伞房状聚伞花序顶生，花小，白色；萼齿三角形；花瓣4，长披针形；雄蕊4，伸出。核果蓝黑色。

灯台树树形整齐，大侧枝呈层状生长宛若灯台，形成美丽的圆锥状树冠，人们十分形象地称之为"灯台树"。

用途　以树姿优美奇特，叶形秀丽、白花素雅，被视为园林绿化珍品。非常适宜孤植于庭园草坪观赏，也可植为庭荫树及行道树。木材黄白色，供建筑、雕刻、文具等用；种子可榨油，供制皂及润滑油用。

繁殖及栽培管理　病虫害少，管理简单、粗放。灯台树栽植于植物园北湖沿岸。花期5月上旬。

四照花
Cronus kousa var. chinensis

科　属　山茱萸科梾木属
英文名　Chinese Dogwood
别　名　石枣、山荔枝、小车轴木、青皮树

产我国长江流域及河南、山西、陕西、甘肃等地。阳生，多见于海拔600～2200m的林内及阴湿溪边。喜温暖气候和阴湿环境。适应性强，能耐一定程度的寒、旱、瘠薄。

形态特征　落叶小乔木，高达8m。叶对生，厚纸质，卵状椭圆形，基部圆形或宽楔形，两面被毛。花小，黄白色，成密集球形头状花序，由40～50朵小花组成，外有花瓣状白色大型总苞片4枚，卵形或椭圆状卵形。聚花果球形，红色。

四照花树姿优美，白色总苞覆盖满树，光彩耀目，叶光亮，入秋变红，核果红艳可爱。

用途　苞片美观而显眼，颇富观赏价值，果实味甜可食，也可酿酒。木材坚硬，可作农具或工具柄。花、叶、果实可入药，治烧伤、肝炎。

繁殖及栽培管理　播种繁殖，也可分株、扦插及压条繁殖。栽植亦选半阴环境。

四照花栽植于植物园丁香园、北湖西岸等处。花期4月中旬至下旬。

山茱萸
Cornus officinalis

科　属	山茱萸科梾木属
英文名	Japanese Cornel，Dogwood
别　名	萸肉、山萸肉、药枣、红枣皮

产我国长江流域及河南、陕西等地，各地多栽培；朝鲜、日本也有分布。喜温暖湿润气候，喜光，稍耐阴，耐旱，耐寒。宜肥沃、疏松的沙质土壤。

形态特征　落叶乔木或灌木，高达10m，树皮片状剥裂。单叶对生，卵状椭圆形，长5～12cm，先端渐尖或尾尖，基部圆形或楔形，全缘。伞形花序腋生，先叶开花，有4个小型苞片，卵圆形，黄绿色；花小，花瓣4，舌状披针形，金黄色；花萼4裂，裂片宽三角形。核果椭球形，长约2cm，红色或枣红色。

早春枝头开金黄色小花，入秋有亮红的果实，深秋有鲜红的叶色，四时有景，美丽可观！韩国利川市有一个野生的山茱萸林，林中每棵树都有100多岁了。每年春天山茱萸开花的时候，山林里一片金黄，人走在林中，就仿佛走在花瓣雨中。这片山茱萸林所在的村子也因此被叫做山茱萸村。

认识山茱萸的人不多，但唐代诗人王维的思乡诗："遥知兄弟登高处，遍插茱萸少一人。"却是家喻户晓，其中提到的"茱萸"就是山茱萸。当时王维的兄弟们身插山茱萸是为了避邪，而实际上山茱萸是作为一种名贵的药材而闻名的。山茱萸始载于东汉《神农本草经》，列为中品。《名医别录》载："山茱萸微温，无毒。主治肠胃风邪，寒热疝瘕……耳聋，下气，出汗，益精，安五脏，通九窍，止小便利。"

用途　山茱萸先花后叶，秋果殷红。宜植于庭园观赏，或作盆栽、盆景材料。果实去核即中药"茱萸肉"，为重要的补血剂和强壮剂。为多种丸药不可或缺的主料。

繁殖及栽培管理　播种繁殖，种子采收后即播，或用湿沙低温储藏两冬一夏，春天播种，后熟和休眠期长，常隔年萌芽。移植在秋季落叶后至春季芽萌动前进行，移植时小苗带宿土、大苗带土坨。

山茱萸栽植于植物园北湖北岸、绚秋苑、海棠枸子园、银杏松柏区等多处。花期3月中旬至4月上旬。

丝绵木
Euonymus bungeanus

科　属　卫矛科丝绵木属
英文名　Winterberry Euonymus
别　名　明开夜合、白杜

产我国北部、中部及东部等地区，为温带树种。喜光，耐寒，耐旱，稍耐阴，也耐水湿，对土壤要求不严。

形态特征　落叶乔木，高可达15m；树皮灰褐色，具条状裂纹，小枝绿色，近四棱形。单叶对生，菱状椭圆形至卵状椭圆形，先端长锐尖，缘有细齿，叶柄长。聚伞花序腋生，具3～15朵小花；花4数，淡黄绿色，径约7mm，花药紫色。蒴果4深裂，粉红或淡黄色；假种皮橘红色。

丝绵木枝叶秀丽，花果密集，红色秋叶，颇为飘逸。

用途　良好的庭院绿化和观赏树木，宜植于林缘、草坪、路旁、湖边及溪畔。木材细致，供雕刻小工艺品等用。以根、茎皮、枝叶入药，治腰膝痛。嫩叶代茶。

繁殖及栽培管理　繁殖容易，以播种为主，也可分株和硬枝扦插进行繁殖。丝绵木是嫁接金丝吊蝴蝶（*Euonymus schensianus*）的主要砧木，嫁接大叶黄杨可提高抗寒力。

丝绵木栽植于植物园曹雪芹纪念馆北门内、树木区等处。花期5月上旬。

胶州卫矛
Euonymus kiautschovicus

科　属　卫矛科卫矛属
英文名　Spreading Euonymus, Kiauchow Euonymus
别　名　胶东卫矛、攀援卫矛

产我国东部及中部地区。阳性树种，对土壤要求不严，适应性强，耐寒，抗旱，极耐修剪整形。

形态特征　直立或蔓性半常绿灌木，高3～8m；小枝圆形。叶倒卵形至椭圆形，长5～8cm，边缘有粗锯齿。聚伞花序二歧分枝，成疏松的小聚伞；花淡绿色，4数。蒴果扁球形，粉红色，4纵裂；种子包有黄红色的假种皮。

用途　胶州卫矛绿叶红果，颇为美丽；宜植于老树旁、岩石边或花格墙垣附近，任其攀附，颇具野趣。茎藤及根均供药用。

胶州卫矛栽植于植物园绚秋苑、北湖西岸等处。花期5月上旬。

栓翅卫矛
Euonymus phellomanus

科　属	卫矛科卫矛属
英文名	Corkywing Euonymus
别　名	鬼箭羽

产陕西、河南、山西及西南地区。生于林缘及河岸灌丛中。性喜光，对气候适应性强，耐寒，耐旱。

形态特征　落叶灌木或小乔木，高约4m，最高可达8m。小枝绿色，近4棱，常有2～4条状木栓翅。叶对生，长椭圆形，长6～12cm，先端渐尖，边缘有细锯齿。聚伞花序2～3次分枝，有花7～15朵；花白绿色，径约8mm，4数。蒴果4裂，倒心形，红粉色。秋叶变红十分亮丽。

本种枝条呈绿褐色，硬而直。有趣的是，在它的小枝上从上到下生长着2～4条褐色的薄膜，质地轻软，如同我们平常所使用的软木塞一般，是木栓质的。它在枝上的排列犹如箭尾的羽毛，又仿佛枝条四周长上了翅膀，因此人们称它为"栓翅卫矛"。

用途　枝可药用，中药称"鬼箭羽"，可降血糖、调血脂、抗过敏、调免疫，且富含钙质，可治疗糖尿病。木材致密，白色而质韧，可制作弓、杖、木钉。

繁殖及栽培管理　萌发力强，耐修剪。

栓翅卫矛栽植于植物园绚秋苑、曹雪芹纪念馆四周等处。花期5月上旬。

猫眼草
Euphorbia lunulata

科　属　大戟科大戟属
英文名　Cateye Grass, Crescent-shaped Euphorbia
别　名　耳叶大戟、猫耳眼、打盆打碗、摔盆摔碗

产于辽宁、吉林、新疆、内蒙古、河北、山西等地。

形态特征　多年生草本，高25～30cm，通常多分枝，基部坚硬。叶绒状披针形。总花序顶生，具伞梗3～6个，或单梗生于茎上部叶腋，或有时各伞梗再分生2～3个小伞梗，伞梗基部具轮生的苞叶4～5个，苞片宽线形，披针形至卵状披针形，有的基部具耳。杯状聚伞花序着生于小伞梗顶端的苞腋，顶端4裂，裂片间具4枚新月形的腺体。

猫眼草的花序极为奇特，花又极简单，雄花无花被，仅1雄蕊；雌花无花被，仅1雌蕊。细心观察，颇有趣。

用途　全草入药，具抗肿瘤作用。

猫眼草为植物园野生地被。始花期4月中旬，可延续至6月。

京大戟
Euphorbia pekinensis

科　属　大戟科大戟属
英文名　Peking Euphorbia
别　名　大戟、龙虎草、天平一枝香、将军草、震天雷

分布于东北、华北及山东、江苏、河南、湖北、湖南、广东、广西、四川等地。生于路旁、山坡、荒地及较阴湿的树林下。喜温暖湿润气候，耐旱，耐寒，喜潮湿，对土壤要求不严，以深厚疏松肥沃、排水良好的沙质壤土或黏质壤土为好。

形态特征　多年生草本，高30～80cm，全株含有白色乳汁。茎直立，上部分枝，表面被白色短柔毛。单叶互生，长圆形或披针形，全缘。杯状聚伞花序，通常5枚，排列成复伞形；基部有叶状苞片5；每枝再作二至数回分枝，分枝处着生近圆形的苞叶4或2，对生；雌、雄花均无被；萼状总苞内有雄花多数，花序中央有雌花1。

用途　根入药，味辛，性温。主治黏刺痛、白喉、炭疽、黄疸、肉毒。

繁殖及栽培管理　用种子、分根繁殖或育苗移栽。

京大戟为宿根花卉，栽植于植物园药草园。花期4月下旬。

省沽油
Staphylea bumalda

科　属　省沽油科省沽油属
英文名　Bumalda Bladderfruit
别　名　水条、珍珠花

产我国长江中下游地区、华北及辽宁；朝鲜、日本也有分布。中性偏阴树种，喜湿润气候，要求肥沃而排水良好之土壤。北京房山区上方山即有野生。

形态特征　落叶灌木，高3～5m；树皮紫红色，枝条开展，绿色至黄绿色或青白色。3出复叶对生，小叶卵状椭圆形，长5～8cm，缘有细尖齿，表面青白色。花白色，芳香；成顶生圆锥花序。蒴果膀胱状，扁形，端2裂。

《救荒本草》卷五云："省沽油又名珍珠花，自钧州风谷顶山谷中，枝条似荆条而圆，对生枝杈，叶亦对生……每三叶生一处，开白花似珍珠色，叶味微苦。"

用途　本种叶、果均具观赏价值，适宜在林缘、路旁、墙隅及池边种植。种子含油脂，可制肥皂及油漆，茎皮可提取纤维。

繁殖及栽培管理　播种繁殖，种子需低温层积3个月以上。

省沽油栽植于植物园樱桃沟自然保护区。花期4月中旬至5月上旬。

文冠果
Xanthoceras sorbifolia

科　属　无患子科文冠果属
英文名　Shinyleaf Yellowhorn
别　名　文官果、文冠木、崖木瓜、土木瓜、温旦革子

　　原产我国华北、西北等地；朝鲜有分布。喜光，也耐半阴，耐严寒和干旱，不耐涝。对土壤要求不严，在沙荒、石砾地、黏土及轻盐碱土上均能生长。主根发达，萌蘖力强，3～4年生即可开花结果。

　　形态特征　落叶小乔木或灌木，高3～8m。树皮灰褐色，粗糙，条状扭曲。奇数羽状复叶互生，小叶9～19，长椭圆形或披针形，长2～6cm，缘有锐齿。花杂性，整齐，完全花多生主枝顶端；花瓣5，有爪，白色，缘有皱波，内侧基部有黄色变红斑晕；花盘5裂，背面各有一橙黄色角状物；顶生总状或圆锥花序，长约20cm。蒴果广椭圆状卵形，径4～6cm，木质，3瓣裂。但结果很少，有千花一果之称。

　　文冠果是我国特有的树种，内蒙古自治区的一些旧喇嘛庙内，至今仍有树龄百年以上的老文冠果树。花序大而花朵密，春天白花满树，清香四溢，花期可持续20多天，观赏性极强。

　　文冠果的果实很像古时候文官的帽子，故名。

　　用途　抗性很强，是荒山绿化的首选树种，也是很好的蜜源植物。木材花纹美观，可做家具。其种子含油量达50%～70%，历史上人们采集文冠果种子榨油供点佛灯之用，以后逐渐转为食用，种子嫩时白色，味甜脆如莲子。花味甘甜，可作蔬菜。嫩叶可代茶。

　　繁殖及栽培管理　播种繁殖为主，也可分株、压条和根插繁殖。

　　文冠果栽植于植物园丁香园南部、月季园西部、北湖东部。花期4月中旬至下旬，与叶同放。

七叶树
Aesculus chinensis

科　属　七叶树科七叶树属
英文名　Chinese Buckeye
别　名　娑罗树、天师栗

中国黄河流域及东部各省均有栽培。喜光，稍耐阴，喜温暖气候，也能耐寒。深根性，萌芽力强，生长速度中等偏慢，寿命长。

形态特征　落叶乔木，高可达25m。树皮灰褐色，片状剥落。掌状复叶对生，小叶5～7，倒卵状长椭圆形或长椭圆形，长8～20cm，缘具细锯齿。顶生圆柱状圆锥花序，长20～35cm。花杂性（花序基部多两性花），花小，花瓣4，不等大，白色，上面2瓣常有橘红色或黄色斑纹，雄蕊通常7。芳香。

七叶树树形美观，冠如华盖，姿态雄伟，叶大而形美，遮荫效果好，晚春繁花满树，硕大的白色花序又似一盏华丽的烛台，蔚为奇观，是世界著名的观赏树种，四大行道树之一（国外主要是其同属种欧洲七叶树）。

在我国，七叶树与佛教有着很深的渊源，因此很多古刹名寺如杭州灵隐寺、北京卧佛寺、潭柘寺、大觉寺中都有七叶树栽植。据《长安客话》："卧佛寺内娑罗树（指七叶树）二株，子如橡栗，可疗心疾。"可惜早已不存在。现存者为清末种的。

用途　最适宜作庭荫树及行道树。在建筑前对植、路边列植，或孤植、丛植于山坡、草地都很合适。种子可食用，但直接吃味道苦涩，需用碱水煮后方可食用，味如板栗；也可提取淀粉。

繁殖及栽培管理　主要用播种繁殖。一般不需修剪整形。天气干旱时，应注意浇水。为防止树干遭受日灼之害，可与其他树种配植遮荫。

七叶树栽植于植物园卧佛寺。花期4月中旬至下旬。

日本七叶树
Aesculus turbinata

科　属　七叶树科七叶树属

英文名　Japanese Buckeye，Japanese Horsechestnut

原产日本。喜光，性强健，较耐寒。

形态特征　落叶乔木，高达30m，大枝伸展，树冠伞形。小叶5～7枚，倒卵状长椭圆形，长20～30cm，中间小叶常较两侧的小叶大2倍以上，先端突尖，基部狭楔形，缘有不整齐重锯齿，背面粉绿色。圆锥花序粗大，尖塔形。花瓣4～5，白色，带红斑。蒴果近洋梨形，果皮有疣状凸起。

七叶树株形端庄、美丽。在枝条顶端向上着生的花很漂亮，花黄白色，花瓣上有一红点，叶为羽状团扇形的大型掌状复叶，十分美观。

用途　生长较快，宜植于庭园、公园、绿地供观赏。

繁殖及栽培管理　种子繁殖。

日本七叶树栽植于植物园北湖东岸，花期4月下旬至5月上旬。植物园还有同属植物光叶七叶树（*A．glabra*）、欧洲七叶树（*A．hippocastaneum*）、小花七叶树（*A．parviflora*）、红花七叶树（*A．pavia*）、天师栗（*A．wilsonii*）等。

栓皮槭
Acer campestre

科　属	槭树科槭树属
英文名	Field Maple, Hedge Maple
别　名	篱槭

　　槭属植物在全世界有近200种，主要分布于东亚，间断分布于欧亚大陆和北美洲。中国是世界上槭树科植物种类最多的国家，也是槭属的分布中心。槭树是中国温带落叶阔叶林、针阔混交林，以及亚热带山地森林的建群种和主要树种。国外选出很多变型品种。

　　原产于亚洲西部、欧洲和非洲北部。栽培品种多。适应能力强，耐寒，耐干旱瘠薄，抗大气污染，适应偏酸性或偏碱性及沙质和黏质土壤。拉丁名的含义是平地生长的槭树。

　　形态特征　　落叶乔木，高7.5～10.5m，树冠椭圆形或圆形。树皮灰棕色，浅裂。嫩枝柔软，细长，浅棕色，有皮孔。单叶对生，长5～10cm，3～5裂，具银白色边，叶柄长达10cm。伞房花序，花小，黄绿色。翅果长3～4cm。

　　栓皮槭树冠浓密，树姿优美，叶形秀丽，幼叶和嫩枝春季泛粉红色，秋季变橙黄色或红色，极具观赏价值。

　　用途　　重要的色叶树种，非常适合做行道树及公园、庭院栽植，耐修剪，适于作绿篱，是优良的水土保持、防风固沙和水源涵养树种。木材结构细致均匀，材色悦目，常具美丽的花纹和光泽，是理想的室内装饰、高级家具用材；花香浓郁，为重要的蜜源植物。

　　繁殖及栽培管理　　种子或扦插繁殖，品种用嫁接法。无严重病虫害。

　　栓皮槭栽植于植物园北湖南岸。花期3月中旬。

细柄槭
Acer capillipes

科　属　槭树科槭树属

别　名　日本条纹槭

原产日本。适应性强，能在炎热环境中生长。向阳、半阴环境和湿润、排水良好的土壤对其生长最有利。耐寒极限−28℃。

形态特征　落叶小乔木或大灌木，高9～12m，冠幅7.5～12.5m，树冠圆形。树干和枝条光滑，棕红色或棕绿色，有白色条纹。单叶对生，长10～17.5cm，宽7.5～12.5cm，常3裂，也有5裂或不裂，叶柄鲜红色，长4～6.5cm。雌雄同株，总状花序，长6～10cm，下垂，花青白色。

用途　树皮条纹美观，秋叶呈黄或红色，果具观赏性。为典型的庭园绿化材料，在北美许多植物园和校园等地常见它的身影。

繁殖及栽培管理　种子或扦插繁殖。枝、叶易受秋霜冻害。生长速度中等，年生长量不超过30cm。

细柄槭栽植于植物园曹雪芹纪念馆北门附近。花期4月下旬。

茶条槭
Acer ginnala

科　属　槭树科槭树属

英文名　Amur Maple，Crimsonleaved Maple

别　名　枫树

原产于我国东北、华北、内蒙古、长江流域；日本也有分布。耐干旱及碱性土壤，耐寒，喜光，耐轻度遮荫。适合各种土壤，在潮湿、排水良好的土壤长势较好。

形态特征　落叶小乔木或灌木，高6～10m。单叶对生，卵状椭圆形，常羽状3～5裂，中裂片大，边缘有不规则缺刻状重锯齿，基部心形或近圆形，叶面光滑。花杂性，组成顶生伞房状圆锥花序；花萼5片，花瓣5片，白色；雄蕊8枚，着生于花盘内侧。两直立翅果成锐角或近平行，熟时红色。

树干直而洁净，花有清香，夏季果翅红色美丽，秋季叶片鲜红色，颇具观

赏价值。

用途　适合庭院观赏，尤其适合作秋色叶树种点缀园林及山景，也可栽作小型行道树、绿篱及庭荫树。花为良好蜜源；种子可榨油；树皮纤维可代麻及做纸浆、人造棉等原料；木材可供细木加工。嫩叶可代茶，具有生津止渴、退热明目之功效，故名茶条槭。

繁殖及栽培管理　播种繁殖。病虫害较少。

茶条槭栽植于植物园槭树蔷薇区、绚秋苑北部等处。花期5月上旬。

梣叶槭
Acer negundo

科　属	槭树科槭树属
英文名	Ashleaf Maple, Box Elder
别　名	复叶槭、羽叶槭、美国槭、白蜡槭、糖槭

原产北美，我国东北、华北、内蒙古、新疆至长江流域均有栽培。喜光，喜干冷气候，暖湿地区生长不良，耐寒，耐旱，耐干冷，耐轻度盐碱，耐烟尘。

形态特征　落叶乔木，高达20m。树干直立，幼树干绿色，光滑，老后褐色，小枝光滑，常被白色蜡粉。奇数羽状复叶，小叶3～7（稀9）；小叶纸质，卵形或椭圆状披针形，叶缘有不规则锯齿，稀全缘，中小叶的小叶柄长3～4cm，侧生小叶的小叶柄长3～4mm。雄花序聚伞状，雌花序总状，常下垂；花小，黄绿色，叶前开放，雌雄异株，无花瓣及花盘，雄蕊4～6，花丝很长。

用途　梣叶槭枝直茂密，入秋叶呈金黄色，可作庭荫树、行道树。花蜜很丰富，是良好的蜜源植物。

繁殖及栽培管理　播种与嫁接繁殖。树体树液含糖分高，最易遭天牛、吉丁虫蛀蚀，需注意防治。

梣叶槭栽植于植物园槭树蔷薇区、绚秋苑等处。品种有'金边'梣叶槭、'弗拉明哥'梣叶槭和'花叶'梣叶槭。

'弗拉明哥'梣叶槭

A. negundo 'Flamingo'

　　栽植于植物园中湖东岸。花期4月下旬。

'金边'梣叶槭

A. negundo 'Aureo-marginatum'

　　栽植于植物园绚秋苑。花期4月上旬至中旬。

'花叶'梣叶槭

A. negundo 'Variegatum'

　　又叫'宽银边'梣叶槭，栽植于植物园中湖东岸。花期4月下旬。

鸡爪槭
Acer palmatum

科　属　槭树科槭树属
英文名　Japanese Maple
别　名　鸡爪枫、青枫、雅枫

产中国、日本、朝鲜半岛南部；广布于我国长江流域各省，山东、河南、浙江也有。喜温暖湿润气候，适生于半阴环境，不耐水涝，较耐燥，喜光，忌西晒，西晒会焦叶、生长不良。

　　形态特征　落叶小乔木或灌木，高6～7m。小枝光滑细长，紫色或淡紫色。单叶对生，叶掌状5～9深裂，先端尾状尖，缘具重锯齿。花杂性，伞房花序顶生，花小，花萼5，花瓣5，紫红色，较萼片短，雄蕊8。

　　鸡爪槭叶形美观，入秋后转为鲜红色，色艳如花，灿烂如霞，为优良的观叶树种。无论位于何处，无不引人入胜。

　　用途　宜植于草坪、土丘、溪边、池畔和路隅、墙边、亭廊、山石间点缀，均十分得体，若以常绿树或白粉墙作背景衬托，尤感美丽多姿。制成盆景或盆栽用于室内美化也极雅致。

　　繁殖及栽培管理　原种用播种法繁殖，而园艺变种常用嫁接法繁殖。

　　鸡爪槭栽植于植物园北湖西岸、月季园南部等处，品种10余个。花期4月中旬。

银后槭
Acer saccharinum 'Silver Queen'

科　属　槭树科槭树属

英文名　Silver Queen Maple

耐寒性较强，耐旱，耐涝。喜湿润、深厚、微酸性到碱性土壤。

　　形态特征　落叶大乔木，高达40m。树皮光滑银灰色，幼枝红紫色。叶掌状3～5裂，缘有疏齿裂，表面亮绿色，背面银灰色。花粉红色，无花瓣；叶前开放。

　　花期极早，花丝红色飘逸，春寒料峭之时，为早春装点出喜庆色彩；初夏之时，大而奇特的翅果给人们带来无限惊喜；美丽的黄色或红色秋叶为金秋带来欢快旋律。

　　用途　优美的观赏树种，生长快，是城市公园及广场的理想树种。在冬季也可作为观干植物。

　　繁殖及栽培管理　种子繁殖。本种树液含糖量高，应注意防治蛀干虫害。

　　银后槭栽植于植物园北湖西岸。花期3月中旬；果期4月下旬至5月上旬。

细裂槭
Acer stenolobum

科　属　槭树科槭树属

英文名　Slenderlobe Maple

　　产山西、陕西、甘肃、宁夏、内蒙古等地。抗性强，耐干旱瘠薄。

　　形态特征　落叶小乔木，高达6m。叶纸质，长3～5cm，基部近于截形，三叉状深裂，裂片窄长，侧裂片与中裂片几成直角，裂缘有粗钝齿或裂齿；叶柄淡紫色。花序伞房状，花淡绿色，杂性，雄花与两性花同株；萼片5，卵形，长约1.5～2mm；花瓣5，长圆形或线状长圆形，雄蕊5，雄花的花丝较萼片约长2倍，两性花的花丝与萼片近于等长。

　　用途　生长慢，可栽作园林绿化树种。木材坚硬致密，宜作细木工用料。

　　细裂槭栽植于植物园梁启超墓南门外。花期4月中旬。

鞑靼槭
Acer tataricum

科　属　槭树科槭树属

英文名　Tatarian Maple，Tatar Maple

原产欧洲中部和东南部、亚洲西南部，从奥地利东部至俄罗斯西南部、高加索和土耳其南部。喜光，稍耐阴，喜冷凉气候，适应性强。

形态特征　落叶小乔木或灌木，高4～12m。树皮质薄，棕灰色，幼年光滑，老年有斑纹。叶对生，宽卵形，长4.5～10cm，宽3～7cm，全缘或3～5浅裂，中间裂片较大，秋季叶色变为灿烂的红黄混合色。圆锥花序，花绿白色，较小，直径5～8mm。

鞑靼槭是以俄罗斯南部的鞑靼人命名的，在英文中，鞑靼槭的名字通常也拼为"Tartar"。

苏联作家萧洛霍夫在《静静的顿河》第二十一章中曾有这样一段描述："不远处有一丛鞑靼槭。这丛槭树简直是美极啦，整个树丛都闪耀着秋天太阳的冷光，被紫红色的叶子坠得下垂的枝杈向四面扎煞开，宛如神话里从地上飞起的鸟翅膀。潘苔莱·普罗珂菲耶维奇久久地欣赏着这番美景……"

用途　秋色叶植物中表现较好的红色叶植物成员，观叶期10月中旬至11月上旬。适宜作庭荫树、行道树。在俄罗斯用作农田防风林。

繁殖及栽培管理　播种繁殖，也可用软枝或半硬枝扦插繁殖。移植容易。

鞑靼槭栽植于植物园北湖西岸、曹雪芹纪念馆北门外等处。花期4月下旬。

元宝枫
Acer truncatum

科　属　槭树科槭树属

英文名　Purpleblow Maple，Shantung Maple

别　名　平基槭、五脚树、华北五角枫

原产我国华北、东北等地。弱阳性，耐半阴，耐寒，较抗风，喜温凉湿润气候。

形态特征　落叶乔木。单叶对生，掌状5裂，在萌蘖枝或幼枝上，叶的中裂片有时3浅裂，裂片先端渐尖，基部通常截形，稀心形，两面均无毛。顶生伞房花序，花黄绿色，杂性，雄花与两性花同株，花被5数，雄蕊8，花药黄色。翅果扁平，翅较宽而略长于果核，形似元宝。

树姿优美，叶形秀丽，嫩叶红色，秋季叶又变成黄色或红色，为著名秋季观红叶树种。一般在北京平原叶色是金黄，在浅山叶色则是浓红。翅果光滑，果核扁平，果两翅展开略成直角。因翅果形状像我国古代"金锭"而得名。

杜牧在《山行》中写道："停车坐爱枫林晚，霜叶红于二月花。"陈毅元帅曾在诗中赞叹："西山红叶好，霜重色愈浓。"这些都道出了欣赏红叶的无限乐趣，而元宝枫正是北京秋季的主要红叶树种之一。

用途　宜作庭荫树、行道树或风景林树种。木材坚硬，为优良的建筑、家具、雕刻、细木工用材。树皮纤维可造纸及代用棉。

繁殖及栽培管理　主要用种子繁殖。如管理得当可在各地栽种及移植。应注意防治蛀干害虫。

元宝枫栽植于植物园绚秋苑、玉簪园、槭树蔷薇区、北湖沿岸等多处。花期4月上旬至中旬。

黄 栌
Cotinus coggygria var. cinerea

科　属	漆树科黄栌属
英文名	Smoke Tree, Ash-coloured Smoketree
别　名	红叶

产山东、河北、河南、湖北西部及四川，多生于海拔700～1600m半阴而干燥的山地；欧洲东南部也有分布。生长快，根系发达，萌蘖性强。对二氧化硫有较强抗性。

形态特征　落叶灌木或小乔木，高5～8m。树冠圆形，树皮暗灰褐色，被蜡粉。单叶互生，卵圆形至倒卵形，先端圆或微凹。花小，径约3mm，杂性，浅黄绿色、浅粉紫色等；顶生圆锥花序，有柔毛；果序上有许多伸长成紫色羽毛状的不孕性花梗。

黄栌为原变种，其正种为*C. coggygria*，产南欧，中国不产。

黄栌叶子秋季变红，色泽鲜艳，除叶子具有很高的观赏价值外，黄栌开花后淡紫色羽毛状的花梗也非常漂亮，并且能在树梢宿存很久，成片栽植时远望宛如万缕罗纱缭绕林间，故有"烟树"的美誉。

著名的北京香山"红叶"即为此变种。自清代康熙、乾隆大力经营扩种，历时已几百年，历史悠久，文化底蕴丰厚，每届十月叶红，北京倾城往游观赏。近些年引入的紫叶黄栌（*C. coggygria* var. *purpureus*）（也称红叶黄栌）为其变异，其新叶紫红，成熟老叶又渐变绿。

用途　可作庭院树，亦可用作切花。木材可提取黄色染料，并可制作家具或用于雕刻。树皮和叶可提制栲胶；枝叶入药有消炎、清热之功效。

繁殖及栽培管理　以播种繁殖为主，压条、根插、分株也可。

黄栌栽植于植物园牡丹园、绚秋苑、曹雪芹纪念馆西门外、北湖西岸山坡上、樱桃沟自然保护区等处。始花期4月下旬，有的7月份可再次开花。

枸　桔
Poncirus trifoliata

科　属　芸香科枸桔属
英文名　Trifoliate Orange
别　名　枳、铁篱寨、臭橘、枸橘李

原产黄河流域及以南各地，现各地多栽培。喜光，耐半阴，喜温暖湿润气候，有一定的耐寒性，北京能露地栽培。

形态特征　落叶灌木或小乔木，高3～7m。小枝绿色，稍扁而有棱角，枝刺粗长而基部略扁，刺长3～4cm。三出复叶互生，总叶柄具翼，顶生小叶大，倒卵形，侧生小叶较小，基部偏斜，边缘均有波形锯齿。花两性，白色，单生，径3.5～5cm；花瓣5，长椭圆状倒卵形，雌蕊绿色。柑果球形，黄绿色，芳香。

用途　白花与黄果均可观赏。耐修剪，常栽作绿篱材料，并兼有刺篱、花篱的效果。可作柑橘类的砧木；幼果切片晒干为"枳实"，熟果去子弃瓤晒干称"枳壳"，均为中药，有消食、健胃理气、止痛之效。花期长，是优良的蜜源树种。

繁殖及栽培管理　常用播种繁殖，也可用扦插及分株繁殖。

枸桔栽植于植物园药草园。花期4月中旬，叶前开花。

榆 橘
Ptelea trifoliata

科　属　芸香科榆橘属
英文名　Common Hoptree
别　名　榆桔、三叶椒

原产美国。我国辽宁大连及熊岳、北京均有栽种。

形态特征　树高约3m，树冠圆形。2年生，枝赤褐色；芽重叠，无顶芽。叶互生，有3小叶，小叶无柄，卵形至长椭圆形，长6～12cm，宽3～5cm，基部两侧略不对称，中央1片小叶的基部楔形，全缘或边缘细齿裂。伞房状聚伞花序，花序宽4～10cm；花蕾近圆球形；花淡绿或黄白色，略芳香；花瓣椭圆形至倒披针形，边缘被毛。翅果外形似榆钱，扁圆，径1.5～2cm或更大，顶端短齿尖，网脉明显。

用途　树皮药用，是一种温和的强壮药。果实带苦味。

榆橘栽植于植物园曹雪芹纪念馆外北部。花期5月，7月可观果。

鼠掌老鹳草
Geranium sibiricum

科　属　牻牛儿苗科老鹳草属

英文名　Ratpalm Cranesbill, Siberian Cranesbill

分布于我国东北、华北、西北及西南等地。欧洲、高加索、中亚、蒙古、朝鲜和日本北部皆有分布。生于林缘、疏灌丛、河谷草甸或为杂草。

形态特征　多年生草本，高20～80cm。茎平卧或向上斜升，多分枝。叶对生，叶片宽肾状五角形，基部截形或宽心形；掌状5深裂，裂片卵状披针形，又羽状深裂或具缺刻。花单生叶腋，花茎1～1.5cm，花梗细，有柔毛；花瓣淡紫红色或近白色。

老鹳草这种药传说是唐代名医孙思邈发现的。一年，孙思邈来到峨眉山，在牛心石附近找了个山洞炼丹，并为人治病。一中年打鱼人，得了风湿病，关节痛，两腿红肿，专来求治。孙思邈最初用其他药治，效果均不显。一天孙思邈出去采药，忽见一只瘸腿的老鹳在山上喙食一种草。孙思邈想，老鹳可能是在为自己治病，便前去认明老鹳吃的草，采了一些带回来，熬成药汁，让那病人喝。结果，一剂消痛，连服3剂，肿就消了，服5剂就能走路了。从此，孙思邈专用此药为人治风湿病，效果很好，就将这种草名定为"老鹳草"。

用途　带果实的全草入药，称"老鹳草"，有祛风、活血、清热解毒之功，可治风湿疼痛、肠炎、痢疾。

鼠掌老鹳草为植物园野生地被，木兰小檗区较多。始花期4月下旬，可延续数月。

天竺葵
Pelargonium × hortorum

科　属　牻牛儿苗科天竺葵属

英文名　Fish Pelargonium

别　名　洋绣球、入腊红、石腊红、洋葵

原产南非。我国各地广泛栽培。喜温暖湿润和阳光充足环境。耐旱，忌涝，不耐炎夏的酷暑和烈日的暴晒，宜肥沃疏松和排水良好的沙质壤土。

形态特征　多年生草本，全株密被细柔毛，具特殊气味。茎肉质、多汁，基部稍木质化。叶互生，圆形至肾形，基部心形，叶缘具波状浅裂，表面有较明显暗红色马蹄形环纹。伞形花序顶生，花序柄长约20余厘米。小花数朵至数十朵，有深红、大红、桃红、洋红、白等色。有单瓣、半重瓣、重瓣和四倍体品种；还有叶面具白、黄、紫色斑纹的彩叶品种。

天竺葵的味道与玫瑰相近，所以长久以来，成为玫瑰的取代品。适合与之调和的精油有：罗勒、佛手柑、雪松、鼠尾草、葡萄柚、茉莉、薰衣草、甜橙、玫瑰、迷迭香、檀香。甘菊能加强其治疗的效果，杜松能强化其甜美的味道。深色天竺葵的花语表示悲哀、忧愁；鲜红色天竺葵的花语表示鼓励、安慰。

用途　天竺葵花色丰富、艳丽，花期长，繁殖、栽培管理简便，是布置花坛、庭院美化的理想材料，也是室内盆栽的优良植物，因此它深受大众喜爱。

繁殖及栽培管理　常用播种和扦插繁殖，以扦插为主，多行于春秋两季。生性健壮，少有病虫害。

天竺葵为植物园春季花坛、花境草花，常见品种为'地平线'天竺葵（Horizon）、'帝王'天竺葵（Imperial）。始花期4月下旬，可延续至6月。

旱金莲
Tropaeolum majus

科　属　旱金莲科旱金莲属
英文名　Common Nasturtium
别　名　金莲花、旱莲花、旱荷、荷叶七

　　原产秘鲁、哥伦比亚。我国各地有栽培。性喜温暖湿润和阳光充足的环境，忌夏季高温酷热，不耐涝。要求排水良好而肥沃的土壤。

　　形态特征　多年生草本。茎蔓生，光滑无毛，叶互生，圆形或近肾形，有明显的9条主脉，形似荷叶而小，边缘有波状钝角，叶柄细长，可攀缘。花单生叶腋，花梗长，花瓣5片，有黄、红、橙、粉、紫、乳白或杂色。

　　旱金莲因其叶形似碗莲，花多橘红色而得此名。盛开时宛如群蝶飞舞，一片生机勃勃的景象。

　　旱金莲每一朵花具有8枚雄蕊和1枚雌蕊，其中的8枚雄蕊并不是同时成熟的。且要等到所有的花粉都散播完毕的时候，那枚雌蕊才成熟并伸到花的喇叭口处。

　　用途　旱金莲叶片别致，极具观赏价值。春、夏季可作露地草花配植花坛，亦可植于假山旁，任其自由蔓延生长，还可用于盆栽、吊盆。全草入药，清热解毒，可治眼结膜炎，痈疖肿毒。

　　繁殖及栽培管理　播种或扦插繁殖。病虫害较少，极易栽培。

　　旱金莲为植物园春季花坛、花境草花。花期4月中旬，可开至初夏。

何氏凤仙
Impatiens hybrids

科　属　凤仙花科凤仙花属
英文名　Busy Lizzy，Plant Lucy
别　名　玻璃翠

　　该杂种的亲本，如*I. walleriana*和*I. sultanii*等均产非洲东部。性喜凉爽、湿润气候，耐半阴，忌炎热。

　　形态特征　多年生草本，茎叶多汁，约15～30cm高，半透明状；叶卵形，翠绿有光泽；花扁平似小碟，距细长弯曲，径4.5cm，粉红或砖红色，着生于植株上部叶轴。果实成熟后一触即发，迸射种子。

　　用途　何氏凤仙花色娇美，用来装饰案头墙几，别有一番风味。因其株型优美，是园林摆花的好材料，也是花坛、花境的优良素材。

　　繁殖及栽培管理　播种和扦插繁殖。自然结实率低，播种于3月进行，后代花色常分离。

　　何氏凤仙为植物园春季花坛、花境草花。始花期4月中旬，可延续数月。

洋金花
Datura metel

科　属　茄科曼陀罗属
英文名　Horn-of-Plenty, Hindu Datura, Downy Thorn Apple
别　名　金盘托荔枝、风茄花

原产印度，我国一些省份有野生分布或人工栽种。常生于向阳的山坡草地或住宅旁。

形态特征　1年生草本，高0.5～1.5m。花单生于叶腋或枝杈间，花梗长约1cm，花萼圆筒形，长4～9cm，直径2cm；花冠呈漏斗形，有白色、淡黄色、淡紫色之分，长14～20cm，檐部直径6～10cm。野生类种为单瓣，栽培的种类则有2重瓣或3重瓣。

用途　叶和花含东莨菪碱、莨菪碱，这些物质有麻醉、止痛、松弛肌肉等作用。花为中药的"洋金花"，作麻醉剂。全株有毒，而以种子最毒。

洋金花栽植于植物园药草园。始花期4月上旬，花开数月。

枸　杞
Lycium chinense

科　属　茄科枸杞属
英文名　Medlar, Chinese Matrimony Vine
别　名　枸杞菜、红株仔刺、牛吉力、狗牙子

分布于我国东北、华北、西北、西南、华南和华东各省区；朝鲜、日本、欧洲有栽培或逸为野生。常生于山坡、荒地、盐碱地、路旁及村边宅旁。喜光，稍耐阴，喜干燥凉爽气候，较耐寒，耐干旱，喜疏松、排水良好的沙质壤土，忌黏质土及低湿环境。

形态特征　落叶灌木。枝条细弱，淡灰色，有纵条纹，棘刺长0.5～2cm。叶纸质，单叶互生或2～4枚簇生。花在长枝上单生或双生于叶腋，在短枝上则同叶簇生。花萼3中裂或4～5齿裂；花冠漏斗状，淡紫色，5深裂，裂片平展或稍向外反曲。浆果红色，卵形或长圆形。

用途 传统名贵中药材和营养滋补品。各地作药用或绿化栽培，嫩芽可食，称枸杞头，作汤或蔬菜。枸杞能够有效抑制癌细胞的生成，可用于癌症的防治。

繁殖及栽培管理 适应性强，播种、扦插、压条、分株繁殖均可。

枸杞栽植于植物园药草园、木兰小檗区南部。始花期5月上旬，可延续至7月。

假酸浆
Nicandra physaloides

科　属	茄科假酸浆属
英文名	Apple of Peru，Shoo-Fly-Plant
别　名	灯笼花、大千生、冰粉、鞭打绣球

原产秘鲁。我国南北均有作药用或观赏栽培，河北、甘肃、四川、贵州、云南、西藏等省区有逸为野生；生于田边、荒地或住宅区。

形态特征 1年生草本，株高约60～120cm。茎直立，有棱条，上部有交互不等的二歧分枝。叶互生，卵形或椭圆形，叶缘有粗锯齿。花腋生，俯垂；花冠钟状，浅蓝色；花萼5深裂，宿存，心形，五棱合翼状，形似小灯笼。浆果球状，黄色。

用途 灯笼状的宿存萼，干燥后如同天然干燥花，久藏不凋，为插花高级花材；亦适合庭园美化或大型盆栽。全草入药，有镇静、祛痰、清热解毒之效。假酸浆也是制作凉粉（又称冰粉）的原料，将假酸浆种子用水浸泡足够时间后，滤去种子，加适量的凝固剂（如石灰水等），凝固一段时间后便制成了晶莹剔透、口感凉滑的凉粉，是一种消炎利尿、消暑解渴的夏季保健食品。

　　繁殖及栽培管理　播种繁殖。春、秋季均适合播种，但以春季为佳。

　　假酸浆为植物园春季花坛、花境草花。花期4月下旬至5月上旬。

花烟草
Nicotiana alata

科　属	茄科烟草属
英文名	Winged Tobacco，Jasmine Tobacco，Flowering Tobacco
别　名	美花烟草、烟仔花、烟草花

　　原产阿根廷和巴西。我国哈尔滨、北京、南京等城市有引种栽培。喜温暖向阳的环境及肥沃疏松的土壤，耐旱，不耐寒。

　　形态特征　多年生草本，作1～2年生栽培。株高约80～150cm，全株密被腺毛。茎直立，基部木质化。疏松假总状花序顶生，花冠淡绿色，圆星形，花筒长5～10cm。小花由花茎逐渐往上开放，栽培品种花色有白、淡黄、桃红、紫红等色。夜间及阴天开放，晴天中午闭合。

　　用途　植株较高，适宜作花境、花坛背景材料。

　　繁殖及栽培管理　用播种或分株繁殖。

　　花烟草为植物园春季花坛、花境草花。始花期4月下旬，可延续数月。

矮牵牛
Petunia × hybrida

科　属　茄科碧冬茄属
英文名　Garden Petunia
别　名　碧冬茄、杂种撞羽朝颜、灵芝牡丹、番薯花

　　本种为原产南美洲的撞羽朝颜（*P. violacea*）与腋花矮牵牛（*P. axillaris*）的杂交种。性喜温暖和阳光充足的环境，不耐霜冻，忌积水雨涝，在干热天气开花茂盛。要求微酸性、疏松肥沃与喜排水良好的土壤。

　　形态特征　多年生草本，常作1年生栽培。株高20～60cm，全株被黏毛，茎直立。叶椭圆形，鲜绿至深绿。花单生，喇叭形，花冠筒部漏斗状，花径5～12cm。花瓣变化多，有单瓣、重瓣、半重瓣、波状、锯齿状等；品种颇多，花色丰富，有紫红、桃红、纯白、肉色及多种带条纹品种。

　　矮牵牛的属名"Petunia"意为烟草，因其植株全身布满与烟草相仿的黏质绒毛，用手触摸会有黏黏的感觉。花型和牵牛花相似，因而起名"矮牵牛"。花语为有您在我心、与您同心、有您就觉得温馨；斑色则为眼中钉、情书受阻。

　　用途　矮牵牛花大色艳，花色丰富，为长势旺盛的装饰性花卉，而且还能做到周年繁殖上市，可广泛用于花坛布置、花槽配置、景点摆设、窗台点缀、家庭装饰。

　　繁殖及栽培管理　播种或扦插繁殖。室内栽培，全年均可进行扦插繁殖。

　　矮牵牛为植物园春季花坛、花境草花，散布于花坛、花境、花架。现有20多个栽培品种，4月上旬始花，可延续至10月。

打碗花
Calystegia hederacea

科　属　旋花科打碗花属
英文名　Hedge Glorybind, Japanese Bindweed
别　名　小旋花、喇叭花、走丝牡丹、面根藤、盘肠参

分布于东非的埃塞俄比亚，亚洲南部、东部以至马来西亚。我国各地广泛分布，为田间、野地常见杂草。

形态特征　1年生草质藤本。茎细弱，长0.5～2m，匍匐或攀缘，有细棱。叶互生，叶片三角状戟形或三角状卵形；花萼外有2片大苞片，卵圆形，花蕾幼时完全包藏于内；萼片5，宿存；花腋生，花冠钟状，粉红色或淡紫色，口近圆形，微呈五角形。与同科其他常见种相比花较小，喉部近白色。蒴果卵球形。

打碗花民间亦称喇叭花。它的花大小、颜色都与田旋花相似，粗看很难区别开来。仔细观察可发现：田旋花的2个苞片微小，且远离花萼而生。这也是打碗花属（*Calystegia*）与旋花属（*Convolvulus*）的主要区别。

用途　嫩茎叶可作蔬菜。根药用，健脾益气、利尿、调经、止带。花入药，可止痛，外用治牙痛。

繁殖及栽培管理　在我国大部分地区不结果，以根扩展繁殖。

打碗花为植物园野生地被。始花期4月下旬。

南非牛舌草
Anchusa capensis

科　属　紫草科牛舌草属
英文名　South African Alkanet
别　名　非洲勿忘草

原产南非。喜温暖湿润和阳光充足环境，耐寒，稍耐阴，怕高温，宜深厚肥沃和排水良好的沙壤土。

形态特征　多年生草本，株高30~60cm。叶形为狭披针形至线形，萼片三角形。花蓝色，喉部白色，花朵小而密生，十分有趣。

用途　南非牛舌草株形柔美，花色新颖，是布置花坛和花境的主要蓝色花种类，花枝也是极好的切花材料和蜜源植物，还可盆栽供观赏。

繁殖及栽培管理　播种繁殖以秋季为宜，也可春播。在适宜的条件下采用直播，也可用凉水在室温下浸泡几小时，使种子充分吸水，然后再播种。栽培容易。

南非牛舌草为植物园春季花坛、花境草花。花期4月中旬至5月上旬。

斑种草
Bothriospermum chinense

科　属	紫草科斑种草属
英文名	Chinese Spotseed, Chinese Bothriospermum

分布于我国辽宁、河北、山西、河南、山东等地。北京极为常见。生于海拔100～1600m荒野路边、山坡草地及竹林下。

形态特征　1年生草本，稀为2年生，高20～30cm，密生开展或向上的硬毛。茎数条丛生，斜升或近直立。叶片匙形或倒披针形，边缘呈皱波状，两面均被长硬毛；花序长5～15cm，具苞片，苞片叶状；花腋生，花梗较短；花萼裂片5，狭披针形，有毛；花冠淡蓝色，长3.5～4mm，5浅裂，裂片圆形，喉部有5个先端深2裂的梯形附属物。

用途　全草入药，主治清热燥湿，解毒消肿。外用可治湿疹、痔疮。

斑种草为植物园野生地被。始花期4月上旬，可延续至6月。

中国勿忘我
Cynoglossum amabile

科　属	紫草科琉璃草属
英文名	Chinese Forget-me-not
别　名	倒提壶、蓝布裙、狗尿蓝花

分布于东亚。较耐寒，对土壤要求不严。

形态特征　2年生草本，株高40～60cm，茎有毛。单叶互生，灰绿色，基生叶披针形至长椭圆形状披针形，长6～24cm，有叶柄；茎生叶小形无柄。花偏生于总状花序之一侧，花冠漏斗状，花蓝色或白色。

在德国、意大利、英国各地，都有许多散文、诗词和小说家以Forget-me-not来描述相思与痴情。此名源于德文Vergissmeinnicht，是"勿忘我"的意思，勿忘我的名称来自一个悲剧性的恋爱故事。相传一位德国骑士跟他的恋人散步在多瑙河畔。散步途中看见河畔绽放着蓝色花朵的小花。骑士不顾生命危险探身摘花，不料却失足掉入急流中。自知无法获救的骑士说了一句"别忘记我"，便把那朵蓝色透明的花朵扔向恋人，随即消失在水中。此后骑士的恋人日夜将蓝色小花佩戴在发际，以显示对爱人的不忘与忠贞。而那朵蓝色透明花朵，便因此被称作"勿忘我"，其花语便是不要忘记我、真实的爱。

用途　本种灰绿色叶片及天蓝色花朵惹人喜爱，可植于园林观赏，布置花坛、花境。

中国勿忘我为植物园春季花坛、花境草花。始花期4月下旬，可延续至6月。

蓝 蓟
Echium vulgare

科　属　紫草科蓝蓟属

英文名　Blue Weed, Blue-Devil, Common Viper's Bugloss

产新疆北部，北京、南京常有栽培供观赏；亚洲西部至欧洲有分布。生山脚岩石间。喜阳光，不耐湿热。宜疏松肥沃、排水良好、土层深厚沙质壤土，也耐瘠土。

形态特征　2年生草本，高30～100cm，全株被灰白色硬毛。基生叶和茎下部叶线状披针形，长12cm，宽1.4cm，中脉明显；茎上部叶较小，披针形，无柄。花序狭长，花多

数，较密集；花冠斜钟状，两侧对称，蓝紫色；雄蕊5。

蓝蓟的茎上布满了白色的毛，花却像蝴蝶一样美丽，蓝色的花瓣如蝴蝶的翅膀，玫瑰红色的花丝如蝴蝶的触角。它是纪念圣阿洛伊休斯的花。圣阿洛伊休斯是耶稣会士的学生，他不顾传染病的危险，亲

自替患者治病，结果自己却不幸被感染而身亡。因此它的花语为博爱。6月21日的生日花是蓝蓟。

用途　用于布置花坛、花境。

蓝蓟为植物园春季花坛、花境草花。花期4月中旬至5月上旬。

附地菜
Trigonotis peduncularis

科　属　紫草科附地菜属
英文名　Pedunculate Trigonotis
别　名　鸡肠草、地胡椒

我国西南至东北均有分布。生长于原野、路旁。

形态特征　1～2年生草本，高5～30cm。茎通常多条丛生，纤细，密集。基生叶呈莲座状，叶片匙形，两面被糙伏毛；茎上部叶长圆形或椭圆形。总状花序顶生，细长；花通常生于花序的一侧；花萼5裂，裂片长圆形，先端尖锐；花冠淡蓝色或粉色，长约1.5mm，5裂，裂片倒卵形，先端圆钝，喉部附属物5。

用途　全草入药，能温中健胃、消肿止痛、止血，外用治跌打损伤、骨折。嫩叶可供食用。花美观，可用以点缀花园。

附地菜为植物园野生地被。始花期4月下旬，花期甚长。

美女樱
Verbena × hybrida

科　属	马鞭草科马鞭草属
英文名	Common Garden Verbena
别　名	铺地锦、四季绣球、美人樱、铺地马鞭草、草五色梅

　　原始亲本种产北美、南美热带、亚热带地区，现栽培多为杂种群，我国各地均有引种栽培。喜阳，不耐阴，较耐寒，不耐旱，在湿润疏松肥沃的土壤中能节节生根，开花繁茂。

　　形态特征　　多年生草本，常作1～2年生栽培。株高15～50cm，茎被柔毛，基部平卧。穗状花序顶生，径7～8cm，有长梗，多数小花密集排列呈伞房状。花冠筒状，5裂，有白、粉、红、蓝、紫等色，略具芬芳。

　　美女樱花冠中央有明显的白色或浅色的圆形"眼"，恰如其名。花语为家庭和睦。

　　用途　　美女樱株丛矮密，花繁色艳，花期长，栽培品种很多，宜用不同颜色布置花坛或地被，组成色块。

　　繁殖及栽培管理　　繁殖主要用扦插、压条，亦可分株或播种。用于花坛者宜早定植，花后及时剪除残花，可延长花期。抗病虫能力较强，很少有病虫害发生。

　　美女樱为植物园春季花坛、花境草花。始花期4月，花期长，可开至霜降前。植物园栽培品种为'理想'美女樱（*V. × hybrida* 'Ideal'）、'迷神'美女樱（*V. × hybrida* 'Obseesion'）和'水晶'美女樱（*V. × hybrida* 'Quartz'）。

活血丹
Glechoma longituba

科　属　唇形科活血丹属
英文名　Longtube Ground Ivy，Gill-over-the-Ground
别　名　连钱草、遍地金钱、金钱草、佛耳草、对叶金钱草

　　产俄罗斯远东地区，朝鲜也有。除西北、内蒙古外，全国各地均产。生长在较阴湿的荒地，山坡林下及路旁。

　　形态特征　匍匐状多年生草本。茎细，有毛。叶肾形至圆心形，两面有毛或近无毛，背面有腺点。苞片近等长或长于花柄，刺芒状；花萼长7～10mm，萼齿5，上唇3齿较长，下唇2齿略短，萼齿狭三角状披针形，顶端芒状，外面有毛和腺点；花冠淡蓝色至紫色，下唇具深色斑点。

　　用途　全草有清热解毒、利尿、消肿的效用，又能治尿路结石、疱疹、湿疹等。茎叶含挥发油，其中含醛及酮类化合物。

　　活血丹为植物园野生地被。花期3月下旬。

夏至草
Lagopsis supina

科　属　唇形科夏至草属
英文名　Whiteflower Lagopsis
别　名　小益母草、白花夏枯、灯笼棵、白花夏至草

　　分布于东北、华北、华中、西南、西北等地。生于路旁、田野、荒地。喜光，生命力极强，可自繁，耐瘠薄。

　　形态特征　多年生草本，植株高15～35cm。叶圆形，掌状3浅裂或深裂；轮伞花序腋生，花多密集；小苞片针刺状；花小，白色、黄色至褐紫色，稍伸出萼筒；花萼管形或管状钟形，具10脉，齿5，

其中2齿稍大；花冠筒内面无毛环，冠檐二唇形，上唇直伸，全缘或间有微缺，下唇平展，3裂。

夏至草为唇形科春天开花较早的植物之一。它春天出苗比较早，随后不久便开花，到夏至前后枯萎，因此得名。

用途 可作为花坛镶边材料和花境。

夏至草为植物园野生地被。始花期4月上旬。

荆 芥
Nepeta cataria

科 属	唇形科荆芥属
英文名	Catnip, Catmint
别 名	大茴香、巴毛、凉薄荷、樟脑草

产新疆、甘肃、陕西、河南、山西、湖北、贵州、四川及云南等地。自中南欧经阿富汗，向东一直分布到日本，在美洲及非洲南部逸为野生。多生于宅旁或灌丛中。

形态特征 多年生草本。茎基部近四棱形，上部钝四棱形，被白色短柔毛。叶卵状至三角状心脏形，边缘具粗圆齿或牙齿，草质，上面黄绿色，下面略发白。花序为聚伞状，下部的腋生，上部的组成连续或间断的、较疏松或极密集的顶生分枝圆锥花序，聚伞花序呈二歧状分枝。花冠白色，下唇有点紫；二唇形，上唇短，先端具浅凹，下唇3裂，中裂片近圆形。

用途 本种含芳香油3%，可用于化妆品香料。欧洲各地民间用于防治胃病、贫血以及其他多种疾病。荆芥的根尚含有强烈刺激神经系统的成分。全草用于防治感冒。

荆芥为宿根花卉，栽植于植物园绚秋苑、生产温室东侧等处。始花期5月上旬，可延续至9月。

蓝花鼠尾草
Salvia farinacea

科　属	唇形科鼠尾草属
英文名	Mealy-Cup Sage
别　名	一串蓝、蓝丝线、粉萼鼠尾草

原产北美南部，中国、日本也有。生于山坡、路旁、荫蔽草丛、水边及林荫下。喜温暖湿润和阳光充足环境，耐寒性强，怕炎热、干燥，宜在疏松肥沃且排水良好的沙壤土中生长。

形态特征 多年生草本，高30～60cm，植株呈丛生状，被柔毛。茎四棱，有毛，下部略木质化；叶对生，下部叶卵状披针形至卵圆形，上部叶线状披针形，长3～5cm，灰绿色，香味刺鼻浓郁；具长穗状花序，长约12cm，花小，紫色，花量大。

全世界的鼠尾草属植物有700多种。因生性强健，花期长，栽培容易，其中许多都被培育成了观赏植物。此属中一些种类的叶有防腐、抗菌、消炎的药效，曾被用来治疗霍乱或赤痢。在药用香草中极为珍贵，有"穷人的香草"之称。目前，除被广泛应用于熏香安神、沐浴美肤，还成为美食界花草餐及花草茶的重要角色。

用途 盆栽适用于花坛、花境和园林景点的布置。也可点缀岩石旁、林缘空隙地，显得幽静。摆放自然建筑物前和小庭院，更觉典雅清幽。

繁殖及栽培管理 播种繁殖。生长强健，少病虫害。

鼠尾草为植物园春季花坛、花境草花。始花期5月上旬，可延续数月。

一串红
Salvia splendens

科　属　唇形科鼠尾草属
英文名　Scarlet Sage
别　名　墙下红、撒尔维亚、西洋红、爆仗红

原产巴西。各地广为栽培。喜温暖及向阳处，喜疏松肥沃土壤，也耐半阴，忌霜害。

形态特征　多年生草本花卉，常作1年生栽培。茎直立，高约50～80cm；有矮生种，高约30cm。茎光滑，四棱；叶卵形，基部圆形，边缘有锯齿；轮伞花序具2～6朵花，密集成顶生假总状花序；花萼钟形；花冠唇形，上唇全缘，下唇2裂，冠筒伸出萼外，外面有红色柔毛；雄蕊和花柱伸出花冠外；栽培品种很多，花色有红、紫、粉、白。

用途　常用作花坛、花境的主体材料，在北方地区常作盆栽观赏，还可用作切花。全草入药。

繁殖及栽培管理　以播种繁殖为主，也可用扦插繁殖。

一串红为植物园春季花坛、花境草花。始花期4月下旬，可陆续开花至10月。

糯米条叶
Abeliophyllum distichum

科　属	木犀科糯米条叶属
英文名	White Forsythia, Korean Forttanesia
别　名	翅果连翘、白连翘、六道木叶、朝鲜白连翘

原产朝鲜、韩国。现北美寒冷地区已广泛栽培。北京地区有引种。冬芽能耐-20℃低温，喜光，喜排水良好之土壤，稍耐阴。

形态特征　落叶灌木，高1m。叶对生，卵形，长5cm，全缘，有短柔毛。花白色，似连翘，但花冠筒与裂片等长，花径2cm，成短总状花序，先叶开放。花期早春，常在众花之前开放，有茉莉香气。翅果近圆形，四周有平展果翅2室，各有种子2粒。

用途　可作观花植物，也可作切花。与连翘混植，背景有深绿色常绿树更显别致。

繁殖及栽培管理　播种、扦插均可。耐修剪，整形容易，无病虫害。

糯米条叶栽植于植物园木兰小檗区南部。花期3月下旬，数量极少。

流苏树
Chionanthus retusus

科　属　木犀科流苏树属
英文名　Tasseltree，Chinese Fringe-tree
别　名　花木、萝卜丝花、四月雪、茶叶树、乌金子

产我国黄河中下游及其以南地区；日本、朝鲜半岛也有分布。喜光，也较耐阴，喜温暖气候，也颇耐寒。喜中性及微酸性土壤，耐干旱瘠薄，不耐水涝。国家二级保护植物。

形态特征　落叶乔木，高6～20m，树皮灰褐色，大枝树皮常纸状剥裂。单叶对生，近革质，卵形至倒卵状椭圆形，长3～10cm，先端常钝圆或微凹。花两性或单性，雌雄异株，聚伞状圆锥花序顶生，疏散，花冠白色，4深裂，裂片线形下垂，微有香气，花萼4裂。核果椭圆形，蓝黑色。

流苏树树形优美，枝叶繁茂，晚春满树白花，如覆霜盖雪，蔚为奇观，花瓣狭长线状，似若流苏，清丽宜人，秀丽可爱。花期可达20天左右，是优美的园林观赏树种。

用途　适宜于草坪中数株丛植，也宜于路旁、水池旁、建筑物周围散植。也可选取老桩进行盆栽，制作桩景。嫩叶可代茶叶作饮料。果实含油丰富，可榨油，供工业用。木材坚重细致，可制作器具。

繁殖及栽培管理　播种、扦插或嫁接繁殖。种子后熟期及休眠期长，播种种子需采后去除果肉沙藏两冬一夏方能萌发。实生苗当年高约30cm，扦插宜在夏季进行。嫁接以白蜡或女贞为砧木。移植于春、秋季进行，大苗移栽需带土球。

流苏树栽植于植物园曹雪芹纪念馆北门外、树木园木兰小檗区等处。花期4月下旬至5月上旬。

雪 柳
Fontanesia fortunei

科　属	木犀科雪柳属
英文名	Fortune Fontanesia
别　名	过街柳、五谷树、稻柳、挂梁青

　　主产黄河流域至长江下游地区。喜光，稍耐阴，喜肥沃、排水良好的土壤，喜温暖，但亦较耐寒。

　　形态特征　　落叶小乔木，高达8m。枝细长直立，四棱形。单叶对生，纸质，披针形或卵状披针形，先端锐尖至渐尖，基部楔形。花小，花冠4裂几乎达基部，绿白色或微带红色，雄蕊2，伸出花冠外。圆锥花序顶生或腋生，有香气。小坚果具翅，扁平。

　　叶细如柳，开花季节白花满枝，宛如白雪，蔚为壮观。

　　雪柳果穗上的果小而密，有点像谷穗，因而有"五谷树"之称。

　　用途　　是非常好的蜜源植物。在庭院中孤植观赏，可栽培作绿篱，亦是作防风林的树种。嫩叶可代茶，根可治脚气，枝条可编筐，茎皮可制人造棉。

　　繁殖及栽培管理　　播种、分株、扦插或压条繁殖。适应性强，耐修剪。

　　雪柳栽植于植物园卧佛寺前广场、西环路两侧。花期5月上旬。

连 翘
Forsythia suspensa

科　属	木犀科连翘属
英文名	Weeping Forsythia
别　名	黄金条、黄寿丹、黄绶带、一串金

　　原产中国，主要分布在我国北部地区。喜光，耐寒，耐干旱。

　　形态特征　　落叶灌木，高1～3m，枝条拱形下垂，节间中空，皮孔多而显著。叶卵形或卵状椭圆形，缘有齿，有少数的叶3裂或裂成3小叶状。典型4数花，花亮黄色，着生于叶腋；花冠筒内有橘红色条纹；雄蕊2枚，着生于花冠筒基部。

　　连翘早春先叶开花，金黄花朵挂满枝头，金黄耀目，甚为可爱。其名字Forsythia是为了纪念苏格兰的植物学家William Forsyth而命名。为韩国首尔市的市花。

　　连翘果实狭卵形，两端狭尖，尖端裂为两瓣，此形如古代的连车和翘车，故称作"连翘"。

在古籍中，最先记载连翘的是《尔雅》。宋人刘敞咏连翘诗云："秾李繁桃刮眼明，东风先入九重城；黄花翠蔓无人愿，浪得迎春世上名。"诗中咏的是迎春，实际为连翘，将两种花错认为一种。

用途　早春优良观花灌木。适宜于宅旁、亭阶、墙隅、篱下与路边配置，也宜于溪边、池畔、岩石、假山下栽种。因根系发达，可作花篱或护堤树栽植。茎、叶、果实、根均可入药，具有抗菌、强心、利尿、镇吐等药理作用，为双黄连口服液、清热解毒口服液、连草解热口服液、银翘解毒冲剂等中药制剂的主要原料。

繁殖及栽培管理　可扦插、播种、分株繁殖。

连翘主要栽植于植物园木兰小檗区及牡丹园东部路边，其他各处均有。植物园有10余种（含品种）连翘。花期3月中旬至4月中旬，先花后叶。

'林伍得'连翘
F. intermedia 'Lynwood'

栽植于植物园木兰小檗区南部，花期3月下旬至4月上旬。

金叶连翘
F. koreana 'Sun Gold'

栽植于植物园玉簪园周围、中湖沿岸等处，花期4月中旬至下旬。

连翘与迎春的区别 迎春和连翘同属木犀科落叶灌木，在我国各地广泛栽培。两者有很多相似之处，在相近的时间开花，花黄色，先叶开花，因此，很多人并不能很好地区分这两种植物。其实，它们的区别是明显的：

1. 迎春株形矮小，分枝较密；连翘株形高，分枝少，并多在顶端下垂，叶形也大。
2. 迎春叶全为3出复叶；连翘单叶或3小叶对生。
3. 迎春的小枝绿色；而连翘的小枝颜色较深，一般为浅褐色。
4. 迎春花的花每朵有5～6枚瓣片；连翘只有4枚。
5. 迎春花很少结实；连翘花结实。

迎春花
Jasminum nudiflorum

科 属	木犀科茉莉属
英文名	Winter Jasmine
别 名	金腰带、串串金、黄梅、清明花

原产我国华南和西南的亚热带地区，分布于黄河流域。喜光，稍耐阴，颇耐寒，耐旱，耐碱，怕涝。在北京及其以南地区都可在室外安全越冬。在酸性土中生长旺盛。

形态特征 落叶灌木，高1～2m；小枝细长，拱形下垂，枝绿色，4棱。3出复叶对生，小叶卵状椭圆形，小枝基部常具单叶；叶轴具狭翼。花单生于叶腋，花萼绿色，裂片5～6枚，窄披针形；花冠高脚杯状，鲜黄色，顶端5～6裂。

迎春花春天黄花满枝，夏秋绿叶舒展，冬天翠蔓婆娑，四季都充满春意。迎春花不畏严寒，首先为大地披上盛装，抹上了一片新绿。"一花引来百花开"，迎来了万紫千红的春天。迎春花与梅花、水仙和山茶花统称为"雪中四友"。

唐·白居易《玩迎春花赠杨郎中》诗曰："金英翠萼带春寒，黄色花中有几般？凭君与向游人道，莫作蔓菁花眼看。"宋·韩琦《中书东厅迎春》诗曰："覆阑纤弱绿条长，带雪冲寒拆嫩黄。迎得春来非自足，百花千卉共芬芳。"

用途 迎春宜配置在湖边、溪畔、桥头、墙隅或在草坪、林缘、坡地。花、叶、嫩枝均可入药，有活血败毒、消肿止痛之效。叶和根均含丁香苷和迎春花苷。

繁殖及栽培管理 繁殖以扦插、压条、分株为主。春、夏、秋三季扦插均可。

迎春栽植于植物园中轴路两侧、紫薇园等多处。花期3月中旬至4月下旬，花开可持续50天之久。

匈牙利丁香
Syringa josikaea

科　属　木犀科丁香属

英文名　Hungarian Lilac

分布于东南欧的匈牙利、罗马尼亚、斯洛文尼亚等地。我国少见栽培。喜阳光充足及湿润气候，抗逆性强。

　　形态特征　落叶灌木，高达5m。叶宽椭圆形至长椭圆形或卵形，长5～12cm，叶面基本无毛，或仅叶背有稀毛。圆锥花序从顶芽抽生，长10～22cm，较为密集，花梗近无；花冠红紫至淡紫色，花冠管近漏斗状，花冠裂片卵形，直立或微开张；花药位于花冠喉部下面超过1mm。

　　匈牙利丁香自1827～1828年间在欧洲已有栽培。1876年，美国阿诺德树木园从彼得堡植物园引入了此种，现欧美各国园林中已广泛应用。我国在20世纪50年代初开始引种，1984年后有一次引种。

　　匈牙利丁香主要栽植于植物园丁香园，位于植物园中轴路东侧，南面紧接碧桃园，西面隔路与牡丹园相望，东面是树木园，北面与卧佛寺景区相邻。丁香园占地3.5公顷，始建于1958年，20世纪80年代、90年代进行多次修建，增加门楼、矮墙、丁香茶室等，并充实植物品种。目前，已收集丁香33余种（包括变种和品种）1000余株。丁香种类较多，花期前后错落，每年丁香花观赏期可达月余之久。

　　用途　晚春美丽的花灌木。

　　匈牙利丁香始花期5月上旬，可延续10～25天。

西蜀丁香
Syringa komarowii

科　属　木犀科丁香属

英文名　Pendulous Lilac

分布于我国四川、重庆、湖北、陕西、甘肃等省市。常生长在阴湿的溪边、沟谷、林下或阴坡灌丛，海拔1000～2900m的山地。喜湿润半阴的环境，在欧美栽培较为广泛，对北京干燥的气候适应性较差。

形态特征　落叶灌木，高3～4m。叶卵状长椭圆形至椭圆状披针形，有时为长椭圆状倒卵形，长8～15cm。圆锥花序由顶芽抽生，呈窄圆筒形，下垂，有时倒挂如藤萝，长10～18cm；花冠里面白色，外面粉紫色或粉红色，瓣片开张，顶端内曲状；花药包于花冠管口内或稍伸出。

陈进勇等认为垂丝丁香（*Syringa reflexa*）为西蜀丁香的异名。

用途　本种为丁香中比较美丽的一种，倒挂的花序格外别致。宜植于庭院、公园观赏。

繁殖及栽培管理　冬季要求被风向阳，夏季要求有侧方蔽荫的小环境。在高温干旱的生长季节要注意适当进行人工灌溉。

西蜀丁香栽植于植物园丁香园。花期5月上旬。

紫丁香
Syringa oblata

科　属　木犀科丁香属

英文名　Early Lilac, Broadleaved Lilac

别　名　丁香、华北紫丁香、龙背木、百结花

产我国东北南部、华北、内蒙古、西北及四川；朝鲜也有分布。喜光，稍耐阴，耐寒，耐旱，喜湿润，忌低湿。

形态特征　落叶灌木或小乔木，株高约4～5m，枝条光滑无毛。单叶对生，广卵形，宽通常大于长，宽5～10cm，先端突尖，基部近心形或平截，全缘，革质。花顶生或腋生，花冠堇紫色，花端4裂，筒状，呈圆锥花序。蒴果长卵形，光滑；种子有翅。

丁香姿态娉婷娴雅，花色素朴纯洁，馨香淡远怡人。紫丁香淡紫色的花朵不浓不艳，雅洁幽微的意趣如同文静优雅的处子，惹人爱怜。北京植物园的紫丁香是各类丁香花中最先开放的。

丁香之名，可考证明代高濂的《草花谱》，其中有云："丁香，花细小如丁，香而瓣柔，色紫。"很明显，古人见丁香花细小如钉（丁）又有浓香，故名。

丁香花的花语是光辉，常被视为爱情的象征。丁香花通常4瓣，相传能找到1朵5瓣丁香的人会有幸福和好运一生陪伴。因此每年丁香花开时节，花丛中总少不了寻找5瓣丁香的年轻人。

历代的文人墨客，为丁香留下了许多名篇，如："五月丁香开满城，芬芳流荡紫云藤。"李商隐

则用"芭蕉不展丁香结，同向春风各自开"的诗句，描述情人的思恋之心。丁香花在文学中有纯洁和忧愁的意味，如戴望舒的《雨巷》。

　　用途　本种春季开花较早，可作观赏植物，嫩叶可代茶，木材可制作农具。

　　繁殖及栽培管理　分株、压条、嫁接、扦插和播种繁殖，一般多用播种和分株法繁殖。丁香不喜大肥，切忌施肥过多，否则易引起徒长，影响开花。病虫害很少。

　　紫丁香主要栽植于植物园丁香园，有以下一些品种：

白丁香
S. oblata var. *alba*

　　分布河南。幼枝和小枝具细柔毛；叶小而疏生柔毛，秋叶变金黄；花白色。本种栽植于植物园丁香园、月季园等多处。花期4月中旬。

　　白丁香"冷垂串串玲珑雪"，"玻璃叶下琼葩吐"。碧玉一般的叶子，白雪一样的花朵，色彩鲜明，交相呼应，花朵洁白，好似美玉一般。白丁香的叶煎煮后可以治疗红眼病。

'紫云'
S. oblata 'Zi Yun'

　　本种以紫丁香作为母本，'佛手'丁香（*S. vulgaris* 'Albo-plena'）作父本，是从杂交后的第一代杂种中选育出的新品种。本种栽植于植物园丁香园。花期4月中旬。

　　落叶灌木。叶心形。圆锥花序发自侧芽；花芳香，花冠具2层花瓣，花冠裂片粉紫色，花冠管蓝紫色。春季盛花时疏松的花序布满层层树冠，微风中宛若层层云霞，故名。

小叶巧玲花
Syringa pubescens subsp. *microphylla*

科　属	木犀科丁香属
英文名	Little-leaf Lilac
别　名	四季丁香、二度梅、野丁香

产我国河北、河南、山西、陕西等省。喜充足阳光，也耐半阴，适应性较强，耐寒，耐旱，耐瘠薄，以排水良好、疏松的中性土壤为宜，忌积涝、湿热。

形态特征　落叶灌木，高约2.5m；枝灰褐色。叶卵形或椭圆状卵形，长2～5cm，宽1～3.5cm。圆锥花序疏松，侧生，花序轴近圆柱形，长3～10cm；冠管细长，近柱形，长约1cm，冠裂片卵状披针形，先端急尖；花淡紫色或淡紫红色；盛开时内带白色。花药紫色或黑紫色，着生于花冠管口中部以上。

本种枝条柔细，树姿秀丽，花色鲜艳，且一年二度开花，为园林中优良的花灌木。

用途　适于种在庭园、居住区、医院、学校、幼儿园或其他园林、风景区。可孤植、丛植或在路边、草坪、角隅、林缘成片栽植，也可与其他乔灌木尤其是常绿树种配植。

繁殖及栽培管理　用播种、扦插、嫁接、压条和分株等法繁殖。栽培容易，管理粗放。病虫害很少。

小叶巧玲花栽植于植物园丁香园。花期4月下旬至5月上旬，7月下旬至8月上旬可二次开花。

关东巧玲花
Syringa pubescens subsp. *patula*

科　属	木犀科丁香属
英文名	Velvety Lilac

本种多分布在辽宁、吉林长白山区，朝鲜北部也有分布。性喜阳光充足，也耐阴，耐寒及耐旱性能也很强。

形态特征　落叶灌木，高3m。叶椭圆形、椭圆状卵形，长3～7cm，宽2～4cm，先端尾状渐尖，常歪斜，基部宽楔形或近圆形。花序发自侧芽，长6～16cm；花紫色或淡紫色，花蕾时呈红紫色；花冠管细长，圆柱形或略呈漏斗状，长1cm左右，花冠裂片向外弯展；花药位于花冠口稍下，淡紫色。

用途　本种生性强健，生长速度快，姿态粗犷，片植于坡地，极富野趣。

繁殖及栽培管理　播种繁殖。

关东巧玲花栽植于植物园丁香园。花期4月下旬，可延续14～18天。

红丁香
Syringa villosa

科　属　木犀科丁香属
英文名　Late Lilac
别　名　香多萝、沙树

分布于我国华北、东北地区以及朝鲜半岛和俄罗斯东部。喜阳，稍耐阴，耐寒，耐旱性也很强。喜空气湿度高，忌夏季强光暴晒。北京山区皆有，多生于海拔1000m以上山地。

形态特征　落叶灌木，高3～4m。叶宽椭圆形至长椭圆形，较大，长5～18cm，表面暗绿色，背面苍白或淡绿。圆锥花序顶生，长8～18cm，密集；花冠管状，长1～2cm，裂片4，开展，顶端钝，堇紫色、粉红色或白色，芳香；花药着生于花冠管口处或稍凸处。

用途　本种枝叶茂密，花美而香，在园林中孤植于草坪或丛植于路边、角隅或成片栽植于林缘都能产生良好的观赏效果。

繁殖及栽培管理 种子繁殖。生长强健，开花繁茂。

红丁香栽植于植物园丁香园。花期5月上旬。

欧丁香
Syringa vulgaris

科　属	木犀科丁香属
英文名	Common Lilac
别　名	西洋丁香、欧洲丁香、洋丁香

分布于欧洲东南部的保加利亚、罗马尼亚、匈牙利、波兹尼亚、塞尔维亚等地。喜光，稍耐阴，怕热，怕干燥。

形态特征　落叶灌木或小乔木，高2～3m，最高可达7m。叶卵形或三角状卵形，叶片之长大于宽，先端渐尖，基部多为广楔形至截形。圆锥花序自侧芽抽出，长6～12cm；花蓝紫色、淡蓝紫色、白色，裂片宽；花药黄色，着生在花冠筒喉部稍下；极芳香。

欧丁香早在1565年前就已在中亚和欧洲栽培。品种达2000余个，是欧洲栽培最为广泛的花灌木之一。本种与紫丁香极相似，区别在于花药位于花冠喉部，叶片通常呈三角形。

丁香花寓意勤奋、谦逊，象征学校的良好校风。在法国，"丁香花开的时候"意指气候最好的时候。在西方，该花象征着"年轻人纯真无邪，初恋和谦逊"。

用途　适宜庭院观赏，亦可丛植或盆栽，还可作切花。

繁殖及栽培管理　播种繁殖，也可分株，移栽易成活。

　　欧丁香栽植于植物园丁香园。花期4月中下旬。植物园有30余个品种的欧丁香，观赏价值较强的有以下一些：

'佛手'丁香
Syringa vulgaris 'Albo-plena'

　　白花，重瓣。栽植于植物园丁香园。花期4月中旬。

'南希'欧丁香
Syringa vulgaris 'Belle de Nancy'

　　栽植于植物园丁香园。花期5月上旬。

'凯瑟林'欧丁香
Syringa vulgaris 'Katherine Havemeyer'

　　栽植于植物园丁香茶室西南侧。花期5月上旬。

'雷蒙'欧丁香
Syringa vulgaris 'Mad. Lemoine'

　　栽植于植物园丁香园。花期4月下旬。

什锦丁香
Syringa × chinensis

科　属　木犀科丁香属

英文名　Chinese Lilac

　　本种为欧丁香与花叶丁香1777年在法国天然杂交所得，中国只有栽培种。什锦丁香具较强的耐寒性，在莫斯科中央植物园及中国沈阳园林科研所都有栽培。

　　形态特征　落叶灌木，高3～6m，枝条灰褐色，细长而直立。叶卵状披针形，半革质，两面光滑无毛。直立柱状圆锥花序侧生，长8～17cm，有的可达30cm或更长；花淡紫色、粉紫色等，冠径1.5～2cm，花冠管长1～2cm，柱形；具香气。花朵繁密，不结实。

　　什锦丁香花繁色艳，花期较长，虽与花叶丁香同时开花，但五一期间花色正浓，形成了紫丁香、白丁香开花之后，第二个丁香开花高峰，可增加节日气氛。

　　北京植物园1984年由沈阳引进扦插苗，1987年定植于丁香园。

　　用途　本杂种后代的系列类型颜色丰富，鲜艳而美丽，是园林中的优良品种。可孤植、群植或片植，布置于草坪上、庭院间、林缘边，路旁均非常适宜。

　　繁殖及栽培管理　播种、扦插繁殖均可。栽培管理与紫丁香近似，适当注意修剪。

　　什锦丁香栽植于植物园玉簪园、丁香园等处。4月中下旬至5月上旬开花，花期长达半个月。本种有7月二次开花现象，且花后不结实，观赏性更佳。

花叶丁香
Syringa × persica

科　属	木犀科丁香属
英文名	Persian Lilac
别　名	波斯丁香

　　分布于中国西北部、印度、巴基斯坦、阿富汗等地区。喜光，喜温暖湿润，但也耐寒，耐旱。通常生长在开阔的山坡灌丛，海拔800～1500m的地方。

　　形态特征　落叶灌木，高2m。叶椭圆形、矩圆状椭圆形至披针形，边缘略内卷，全缘或常出现2～4裂羽状裂片的叶子。圆锥花序侧生，花冠淡紫色，径8mm，管细长，长约1cm，花冠裂片卵形至矩圆状卵形，顶端尖或钝；花药黄色，着生于花冠管中部略靠上。

　　我国原产的花叶丁香通过丝绸之路传入欧洲。国外栽培丁香花的历史比我国晚了400多年。

　　用途　本种适应性强，花繁色艳，盛花期较长，是人们喜爱的种类之一。可孤植、群植、片植，也可作花篱，庭园、绿地、厂矿等地无不相宜。

　　繁殖及栽培管理　在北京地区栽培，冬、春有轻微的干梢现象。

　　花叶丁香栽植于植物园丁香园。花期4月中旬至下旬。

普港丁香
Syringa × prestoniae

科 属 木犀科丁香属

英文名 Preston Lilac

普港丁香为速生树种。本种抗旱，抗寒，抗污染。

形态特征 落叶灌木，高3～4m。叶卵状长椭圆形至椭圆状披针形，叶微皱，叶脉明显；叶长8～15cm，顶端渐尖，基部楔形。圆锥花序由顶芽生出，花冠管近圆柱形，长1～2cm，花冠裂片向前开展，顶端钝，蓝紫色、粉色至白色；花药着生于花冠管口处。

1920年，在加拿大渥太华Dominion中心试验农场，Isabella Preston 小姐将红丁香（*S. villosa*）与垂丝丁香（*S. reflexa*）杂交后得到了一个全新的晚花杂交种，人们以她的名字将之命名为 SYRINGA × PRESTONIAE。

在欧洲及美洲市场上应用广泛，春末至夏初各色芳香扑鼻的团团花序观赏性极高。

用途 可广泛应用于草坪、花园、居住区和盆景的装饰，是良好的景观配植树种。

普港丁香栽植于植物园丁香园。花期5月上旬至中旬。植物园有7个品种的普港丁香。

'海华沙'普港丁香
S. × prestoniae 'Hiawatha'

花开时为紫红色，后变为玫瑰粉色。花期5月上旬至中旬，约2～3周。耐严寒，抗病虫害性强。在潮湿、排水良好的土壤中生长良好。

'詹姆斯'普港丁香
S. × prestoniae 'James Macfarlane'

树形直立，结构紧密。叶片深绿色，革质，长披针形，微皱，叶脉明显；花期颜色变深，秋季呈微黄绿色。圆锥花序，花蕾暗红色，花淡粉色，单花，花期较晚，5月上旬始花，可延续3～4周。

川垂丁香
Syringa × swegiflexa

科　属　木犀科丁香属

英文名　Weeping Szechwan Lilac

川垂丁香喜光，耐半阴。

形态特征　落叶灌木，高3～4m。花期较晚，属于丁香中的晚花品种，花粉红色，枝条弯曲下垂。整株给人飘逸洒脱之感。

川垂丁香是西蜀丁香（垂丝丁香）与四川丁香的杂交种（*S. komarowii* × *S. sweginzowii*）。

丁香在民间又被称为"幸福之树"。如果家里院中有株丁香，年年开花，则一家人和睦，万事如意。

用途　花、叶俱佳的优良树种，宜植于庭园、林缘、草地等处观赏。

川垂丁香栽植于植物园丁香园。花期5月上旬。

金鱼草
Antirrhinum majus

科　属	玄参科金鱼草属
英文名	Common Snapdragon, Garden Snapdragon
别　名	龙头花、龙口花、洋彩雀、狮子花

　　原产地中海一带，世界各地广泛栽植。较耐寒，喜光，耐半阴，不耐酷热，喜排水良好且肥沃的轻质壤土，忌黏重土与排水不良。

　　形态特征　多年生，常作1～2年生栽培。叶披针形，全缘、光滑，下部对生、上部互生；总状花序顶生，长达25cm以上；花冠筒状唇形，基部膨大成囊状，上唇直立，2裂，下唇3裂，开展外曲。茎绿色者，花色除紫色外，其他各色都有；茎红色者，花色只有紫、红色。栽培品种很多，株高、花径、花型、花色均有不同变化。

　　金鱼草的每朵花就像一张笑得合不拢的嘴，奇特别致。花语为愉快、丰盛、好运、喜庆。也有寓意为多嘴、好管闲事。如果用指尖压它的花筒，花瓣会张开，产生"吧！吧！"的声音，好像一只只会说话的五彩小金鱼，故名。

　　用途　用于花坛、栽植槽、盆栽、窗台和室内景观布置，近年来又用于切花观赏。花色都属于中间调，所以很容易与其他花朵搭配协调。全草入药，性凉、味苦，具清热解毒之功效，用于跌打扭伤。

　　繁殖及栽培管理　主要用播种和组培繁殖，扦插亦可。幼苗期摘心，以促分枝。摘除主枝上的残花，以促侧枝开花。

　　金鱼草为植物园春季花坛、花境草花。始花期4月中旬，可延续至初夏。

金鱼草、柳穿鱼、假龙头花的区别

植株部位	金鱼草	柳穿鱼	假龙头花 (*Physostegia virginiana*)
茎	圆	圆	稍四棱
叶	在茎下部是对生的，上部是互生的	多为互生，少为下部轮生	全为对生，叶缘有锯齿
花	基部膨大成囊状	有距	无距

毛地黄
Digitalis purpurea

科　属　玄参科毛地黄属
英文名　Common Foxglove
别　名　自由钟、洋地黄、德国金钟

原产西欧，我国各地均有栽培。喜阳，较耐寒，耐半阴，忌湿涝。一般园土都可栽培，尤喜富含有机质的肥沃土壤，忌碱性土壤。自然广布于欧洲、北美及北非，生长于稀疏林地或坡地上。

形态特征　多年生草本，通常作2年生露地栽培。全株密被短柔毛，株高90～150cm。基生叶多数，莲座状，长椭圆形。顶生总状花序，长40～55cm，花冠大，钟状，于花序一侧下垂，紫红、粉、白、黄、复色等，花筒内具斑点。

毛地黄的故乡远在西欧温带地区，而它为何被叫做毛地黄呢？是因为它有着布满茸毛的茎叶及酷似地黄的叶片，因而得"毛地黄"名；又因为它来自遥远的欧洲，因此又称为"洋地黄"。

毛地黄属名为"指袋"之意，指花冠的形状像指套，故有"魔女的手套"之名。

用途　适于盆栽，若在温室中促成栽培，可在早春开花。因其高大、花序花形优美，最适合作花境背景或花坛中心材料。叶入药，是重要的强心剂，亦有利尿功效。

繁殖及栽培管理　播种繁殖在初秋或早春。分株繁殖宜在种子成熟后进行，每2～3年分栽一次。

毛地黄为植物园春季花坛、花境草花。始花期4月下旬，可延续至6月。

毛地黄

摩洛哥柳穿鱼
Linaria macroccana

科　属	玄参科柳穿鱼属
英文名	Morocco Toadflax，Spurred Snapdragon
别　名	姬金鱼草

原产摩洛哥。性喜凉爽，喜光，忌酷热与霜寒。生沙地、山坡草地及路边。

形态特征　1年生草本，株高约30～50cm。上部叶被腺毛，植株下部光滑。叶窄线形至条状披针形；总状花序顶生，小花密集；花冠筒基部长成距，距与花冠近等长。花色丰富，有红、粉、黄、玫红、紫等色。

用途　本种花形与花色别致，适宜作花坛及花境边缘材料，也可盆栽或作切花。

繁殖及栽培管理　分株或播种繁殖。冬季或早春保护地播种育苗，霜寒冻过后，定植露地。生长旺盛期可摘心，促使侧芽均衡生长可多开花。

柳穿鱼为近年引入栽培的新草本花卉，始花期4月中旬，可延续至6月。

通泉草
Mazus japonicus

科　属	玄参科通泉草属
英文名	Japanese Mazus
别　名	绿蓝花、脓泡药、猪胡椒、猫脚迹、倒地金钟

分布于除内蒙古、宁夏、青海、新疆以外的各省区。生于海拔2500m以下的湿润草坡、沟边、路旁及林缘。

形态特征　1年生草本，高3～30cm，茎基部分枝。基生叶少至多数，有时成莲座状或早落；叶倒卵状匙形至卵状披针形，膜质至薄纸质，先端全缘或具疏齿，基部楔形，下延成带翅的叶柄；茎生叶对生或互生。疏散总状花序顶生，花稀疏；花冠淡紫色或蓝色，唇形，上唇短而直立，2裂，裂片卵状三角形，下唇中裂片较小突出，倒卵圆形。

用途　全草入药，有清热解毒、调经之功效，用于偏头痛、消化不良，外用治疗疮、脓包疮、烫伤。

通泉草为植物园野生地被。花期4月下旬。

猴面花
Mimulus luteus

科　属　玄参科沟酸浆属
英文名　Goleden Monkey-flower
别　名　锦花

　　原产智利，在苏格兰成野生状态；现广布全球各地。喜冷凉气候，喜光照充足，耐半阴，喜潮湿，要求疏松肥沃、排水良好的土壤。

　　形态特征　多年生草本，高10~60cm。茎粗壮，中空，节处生根。叶对生，阔卵形。花单生叶腋或集成稀疏总状花序，漏斗状，黄色，常见有红色或紫色斑点。栽培品种的花冠底色为不同深浅的黄色，上具各种不同形状的红、紫、褐斑点。

　　猴面花，其名字很好地刻画了它的形态特点：它花色鲜黄，花瓣上点缀着红、褐、紫色斑点，看上去令人想起猴子的花脸。它的故乡在美洲大陆，当年，一些前往美洲大陆探险的欧洲人被这种花的美丽所吸引，随即带回英国栽种。因此它的花语是发现。猴面花所纪念的圣人是公元303年遭罗马皇帝迫害致死的圣尼坎达。6月17日的生日花是猴面花。

　　用途　猴面花株形低矮，花色鲜艳，花型新颖，可供盆栽及布置花坛之用。

　　繁殖及栽培管理　播种繁殖，也可嫩枝扦插或分株繁殖。蒴果成熟尚未开裂前应及时采收，否则种子散落。

　　猴面花为植物园春季花坛、花境草花。花期4月中旬至5月上旬。

兰考泡桐
Paulownia elongata

科　属　玄参科泡桐属

英文名　Elongate Paulownia

主产豫东平原和鲁西南地区。喜光，喜温暖气候及疏松肥沃土壤，不耐积水和盐碱。

形态特征　落叶乔木，高达15～20m。叶广卵形至卵形，全缘或3～5浅裂，背面有灰色星状毛。花萼浅裂达1/3～2/5，花冠较大，长8～10cm，淡紫色，筒内散布紫斑；狭圆锥花序，长40～60cm。蒴果卵形。

兰考泡桐是北方泡桐中生长最快的一种，它的主干生长与其他种不同，不是年年上长，而是一次长成，停几年以后再上长第二段，所以主干通直，树冠宽阔。兰考泡桐树姿优美，4月间盛开簇簇紫花，美丽壮观，清香扑鼻。

日本人还将中国人对梧桐的传说附会到泡桐身上，认为泡桐会引来凤凰。虽然两种树属于不同的科，但有相似的地方，尤其是汉字名称都有"桐"字。

20世纪60年代初，兰考县委书记焦裕禄根据兰考的地理环境倡导栽种泡桐。60～70年代得到广泛推广，成为兰考县农业一大优势。兰考泡桐是我国八大优良树种之一，生长迅速，当地有"一年一根杆，两年粗如碗，三年能锯板"之说。

用途　是北方地区四旁绿化以及农桐兼作的好树种。材质轻柔，结构均匀，不翘不裂不变形，是制造家具、模型、乐器、轮船的上乘材料。经北京乐器研究所对全国十几个地区桐木板材的研究鉴定，确定兰考泡桐为全国制造古筝、琵琶面板的最佳材料。

兰考泡桐栽植于植物园泡桐白蜡区、牡丹园、绚秋苑等处，花期4月中旬。植物园还栽有泡桐(*P. fortunei*)、毛泡桐(*P. tomentosa*)。

泡桐、毛泡桐和兰考泡桐的区别

种名	别名	花色	花蕾	叶形	花序	蒴果
泡　桐	白花泡桐	白色	倒卵形	心状长卵形	狭圆锥花序	长椭球形
毛泡桐	紫花泡桐	鲜紫色	圆球形	广卵形至卵形	圆锥花序宽大	卵形
兰考泡桐	—	淡紫色	—	广卵形或卵形	狭圆锥花序	卵形

毛泡桐、梓树和梧桐的区别

	毛泡桐	梓树	梧桐
叶　形	广卵形至卵形 叶片不裂或波状浅裂 叶上面疏生星状毛，下面有星状绒毛	宽卵形或圆形 叶片先端3～5浅裂 叶片上面有疏柔毛	心形 叶片3～5掌状浅至深裂 叶上无毛
花　序	圆锥花序宽大	圆锥花序	圆锥花序
蒴果	卵形	长条形	果实呈叶状

钓钟柳
Penstemon Hybrid cvs.

科　属　玄参科钓钟柳属

别　名　杂种钓钟柳

原始种主产北美西部。喜阳光充足、湿润、通风良好的环境。不甚耐寒，忌炎热干旱，稍耐半阴，喜排水良好的钙质壤土，忌酸性土。

形态特征　多年生草本，株高约60cm，全株被绒毛。单叶交互对生；花单生或3～4朵生于叶腋总梗上，呈不规则总状花序；小花钟状，唇形花冠，上唇2裂，下唇3裂，花朵略下垂。花冠筒长约2.5cm，花色有白、粉、淡堇、玫瑰红、紫等。栽培品种群花色更丰富，有小花束系列与微型风铃系列等。

用途　钓钟柳花色鲜丽，花期长，适宜花境种植，与其他蓝色宿根花卉配置，可组成极鲜明的色彩景观。也可盆栽观赏。

繁殖及栽培管理　播种、扦插或分株法繁殖。

钓钟柳为植物园春季花坛、花境草花。始花期4月下旬，可延续至6月。

地 黄
Rehmannia glutinosa

科　属	玄参科地黄属
英文名	Adhesive Rehmannia
别　名	生地、怀庆地黄

原产我国，北京、天津、河北、辽宁、浙江等地均有大量分布。生于山坡、田埂、路旁。

形态特征　多年生草本，有肉质根状茎，株高10～30cm，密被白色长柔毛和腺毛。叶通常在基部集成莲座状，向上则倒卵状披针形，基部渐狭成柄，边缘有不整齐钝齿，叶面皱缩，下面略带紫色；花茎由叶丛抽出，花序总状；萼5浅裂；花冠钟形，略2唇状，紫红色，里面常有黄色带紫的条纹。

地黄的花管具蜜，有甜味，许多人在童年时都有过采地黄花来吸食的经历。地黄作为我国传统的中药材而广泛栽培，因其地下块根为黄白色而得名。

我国古代将地黄作为马的补药。宋代苏东坡《地黄》诗曰："地黄饷老马，可使光鉴人。吾闻乐天语，喻马施之身。"这里说的是马食地黄可使毛光润。

用途　地黄的根状茎自古入药，野生或栽培的根状茎不加工者称生地黄；经加工者称熟地黄。熟地黄补精血，生地黄生精血。中医视地黄为清热、凉血、滋阴、养血、补血的良药。治阴虚内热、咽喉肿痛、糖尿病、传染性肝炎等。

地黄为植物园野生地被。始花期4月中旬，可延续至6月。

婆婆纳
Veronica didyma

科 属 玄参科婆婆纳属

英文名 Vernacle，Veronica

广布于欧亚大陆北部。华东、华中、西南及北京常见。生于荒地。

形态特征 1年生小草本，铺散多分枝，高10～25cm。叶心形至卵形，长5～10mm，宽6～7mm，每边有2～4个深刻的钝齿，两面被白色长柔毛；总状花序很长；苞片叶状，下部的对生或全部互生；花梗比苞片略短；花萼裂片卵形，顶端急尖，果期稍增大；花冠淡紫、蓝、粉或白色，直径4～5mm，裂片圆形至卵形；雄蕊比花冠短。

用途 茎叶味甜，可食。全草入药，能凉血止血、理气止痛，可治吐血、疝气、睾丸炎、白带。

婆婆纳为植物园野生地被。始花期4月中旬，可持续数月。植物园还栽有杂种婆婆纳（*Veronica* Hybrid cvs.），为近年从国外引入的栽培品种，杂种婆婆纳株型紧凑，花枝优美，用于植物园春季花坛、花境。始花期4月下旬。

杂种婆婆纳

杂种婆婆纳

楸 树
Catalpa bungei

科　属	紫葳科梓树属
英文名	Manchurian
别　名	梓桐、金丝楸、木王

原产我国，主要分布于黄河、长江流域。喜光，较耐寒，喜深厚肥沃湿润的土壤，不耐干旱，忌地下水位过高，稍耐盐碱，耐烟尘，抗有害气体能力强。寿命长。

形态特征　落叶乔木，树冠狭长倒卵形。高达30m。树皮灰褐色、浅纵裂，小枝灰绿色、无毛。叶三角状卵形，长6～16cm，叶基部有2个紫斑腺点。总状花序伞房状排列，顶生，有花5～20朵。花冠唇形，白色，内有紫红色斑点。蒴果细长，如豆荚状。

楸树树姿雄伟，干直荫浓，花淡红素雅、大而美观，令人赏心悦目。本种分别在叶、花、枝、果、树皮、冠形方面独具风姿，具有较高的观赏价值和绿化效果。在我国博大的树木园中，唯其"材"貌双全，自古素有"木王"之美称。安徽省临泉县有一株600年以上的古楸树高25m、胸径2.12m、材积20m³左右，堪称楸树之王。

楸树是我国栽培利用较早的树种之一，栽培历史悠久，距今已有2600多年的历史。自古以来楸树就广泛栽植于皇宫庭院、胜景名园之中。古时人们有栽楸树以作财产遗传给子孙后代的习惯，在汉代人们就大面积栽植楸树。春秋时期《诗经》称楸为"椅"；《左传》记楸为"荻"。战国时期的《孟子》称楸为"槚"。至西汉《史记》始称楸。

梅尧臣有诗句赞楸树花之美曰："楸英独妩媚，淡紫相参差。"唐杜甫诗云："楸树馨香倚钓矶，斩新花慈未应飞。"此是赞楸花之香者。

用途　北京的故宫、北海、颐和园、大觉寺等游览圣地和名寺古刹到处可见百年以上的古楸树苍劲挺拔的风姿。为优良的用材及绿化、观赏树种。树皮、叶及种子均可入药。花可食，河南舞阳一带，采楸树花蒸食，亦下入面条锅中，食之滑美。

繁殖及栽培管理　常用扦插繁殖，亦可用梓树、黄金树的实生苗作砧木嫁接繁殖。一般不用播种，因其异花授粉，往往开花不结子。

楸树栽植于植物园丁香园南部、和平月季园南部等处。卧佛寺内龙王堂有古楸一株高耸入云，极具古朴之气；樱桃沟亦有大树。花期4月下旬至5月上旬。

川滇角蒿
Incarvillea mairei

科　属　紫葳科角蒿属
英文名　Maire Incarvillea
别　名　麦氏角蒿、鸡蛋参、红花角蒿、多花角蒿

原产中亚和东亚；我国四川西部、云南西北部、西藏东部有分布。生于高山石砾堆、山坡路旁向阳处。可耐－20℃低温，喜冷凉潮湿环境与排水良好的地势，忌暑热与积涝。

形态特征　多年生草本，常作1年生栽培，高15～80cm。叶基生，为1回羽状复叶，侧生小叶卵形；总状花序顶生，花葶长达22cm，有花2～4朵，桃红色或紫红色，长7～10cm，直径5～7cm，花冠筒长5～6cm，下部带黄色，花冠裂片圆形；花萼钟状，5裂；雄蕊4，2长2短。

用途　其花色鲜艳，可种植于花坛、花径供观赏。

繁殖及栽培管理　播种繁殖。

川滇角蒿为植物园春季花坛、花境草花。花期5月上旬，可延续至7月。

紫斑风铃草
Campanula punctata

科　属　桔梗科风铃草属
英文名　Spotted Bellflower
别　名　灯笼花、吊钟花

原产我国东北、内蒙古、河北、四川、湖北等地，日本、朝鲜也有。性耐寒，在排水良好、富含腐殖质的壤土上生长良好。生于山林、灌丛及草地中。

形态特征　多年生草本，株高可达60cm，全株被刚毛。花单生或1～3朵生茎顶，下垂；花萼裂片批针状狭三角形，裂片间有一个卵形至卵状披针形而反折的附属物，它的边缘有芒状长刺毛；花冠筒状钟形，花白、浅紫红、紫红色等，带深色斑点，裂片有睫毛。

花语为感谢。喜欢此花的你是个知恩图报的人，别人给你的恩惠，你会铭记于心。但你极度自我，相信自己的感觉，对人有点冷漠，而且很在意别人的缺点，令身边的朋友都不敢轻易走近你，逐渐被孤立。花箴言：人没有十全十美的，包括你自己。

用途　主要用作花境，也可用于花坛、岩石园，亦可盆栽。
繁殖及栽培管理　播种繁殖。北京露地栽培春季可分栽蘖株，栽培简单。

紫斑风铃草为植物园春季花坛、花境草花。始花期4月下旬，可延续至6月。植物园有本属植物16种。

猬 实
Kolkwitzia amabilis

科　属　忍冬科猬实属

英文名　Beauty　Bush

我国中部至西北部特产。喜光，耐旱，耐瘠薄，也较耐阴，颇耐寒，在北京能露地栽培。在太行山南段河南焦作、济源的营区也有自成群落者。

形态特征　　落叶灌木，高3m；幼枝被柔毛，老枝皮剥落。单叶对生，卵形至卵状椭圆形，长3～7cm，基部近圆形，缘疏生浅齿或近全缘，两面有毛。花成对，两花萼筒紧贴；花冠钟状，粉红色至粉紫色，喉部有黄色斑，裂片5，雄蕊4，2长2短；伞房状圆锥聚伞花序生侧枝顶端。果实被刺毛，棕色，宿存至冬季。

猬实果实外密被刚硬刺毛，形如刺猬，甚为别致，因此得名。为我国特产，仅1种，现为国家三级保护珍稀濒危植物。英文名意为美丽的灌木，20世纪20年代传入美国后又到英国，极受欢迎。

猬实是秦岭至大别山区的古老残遗成分，由于形态特殊，在忍冬科中处于孤立地位，它对于研究植物区系、古地理和忍冬科系统发育有一定的科学价值。

用途　　猬实是我国特产的著名观花植物，花序紧簇，花色艳丽，秋天满树挂满形如刺猬的小果，极为别致。北京地区园林中多丛植或列植于草坪、路边及假山旁、园路交叉口、亭廊附近，也可盆栽或作切花用。

繁殖及栽培管理　　播种、扦插、分株、压条繁殖。果实可借山羊、獾等动物传播。

猬实栽植于植物园绚秋苑、槭树蔷薇区等处。花期5月上旬，可延续至7月。

葱皮忍冬
Lonicera ferdinandii

科　属　忍冬科忍冬属
英文名　Ferdinand Honeysuckle
别　名　秦岭忍冬、波叶忍冬、千层皮、大葱皮木

产辽宁长白山、河北南部、山西西部、陕西秦岭以北、宁夏南部、甘肃南部、朝鲜北部也有分布。生于向阳山坡林中或林缘灌丛中。

形态特征　落叶灌木，高3m。叶纸质或厚纸质，卵形至卵状披针形或矩圆状披针形，长3～10cm，边缘有睫毛。花冠白色，后变淡黄色，唇形，筒比唇瓣稍长或近等长，基部一侧肿大，上唇浅4裂，下唇细长反曲。果实红色，卵圆形。

用途　枝条韧皮纤维可制绳索、麻袋，亦可作造纸原料。

葱皮忍冬栽植于植物园中轴路西侧。花期5月上旬。

郁香忍冬
Lonicera fragrantissima

科　属　忍冬科忍冬属
英文名　Winter Honeysuckle
别　名　香吉利子、香忍冬

产我国秦岭、四川、山西、河北、山东、河南及华东地区。喜光，也耐阴，耐寒，忌涝。

形态特征　半常绿灌木，高2～3m。叶卵状椭圆形至卵状披针形，半革质，长4～8cm，表面无毛，背面蓝绿色。花成对腋生，苞片条状披针形；花萼筒连合；花冠二唇形，上唇4裂片，下唇长约1cm，乳白色或淡红色斑纹，有浓郁芳香。浆果椭圆形，鲜红色。

用途　花期早而芳香。常与山桃、迎春等于3月中下旬开放。适宜庭院、草坪边缘、园路旁、假山前后及亭际附近栽植。

郁香忍冬栽植于植物园月季园、梅园、碧桃园等多处。花期3月下旬。

蓝叶忍冬
Lonicera korolkowii

科　属　忍冬科忍冬属
英文名　Blue Leaf Honeysuckle
别　名　柯氏忍冬

原产土耳其及中亚一带，北京有栽培。喜光，亦较耐阴，耐寒。

形态特征　落叶灌木，株型直立，高3～4m。新叶嫩绿，老叶蓝绿色。叶对生，卵形至椭圆形，长达2.5cm，背面有毛。花成对腋生，花冠二唇形，长1.3cm，玫瑰红色，稀白色。果亮红色。

用途　蓝叶忍冬花美叶秀，常植于庭院、小区做观赏；适合丛植、片植、带植，也可作花篱。

繁殖及栽培管理　扦插繁殖，成活率较高。

蓝叶忍冬栽植于植物园木兰小檗区南部、绚秋苑等多处。花期4月中旬至下旬。

金银木
Lonicera maackii

科　属　忍冬科忍冬属
英文名　Amur Honeysuckle
别　名　金银忍冬、马氏忍冬

　　产我国南北各省；朝鲜、日本、俄罗斯也有分布。性强健，喜光，耐半阴，耐旱，耐寒。

　　形态特征　落叶灌木或小乔木，常丛生成灌木状，株形圆满，高可达6m。小枝幼时髓黑褐色，后变中空。单叶对生，叶卵状椭圆形至披针形，两面疏生柔毛。花成对腋生，苞片线形；花冠二唇形。浆果球形，亮红色。

　　金银木花初开之时为白色，后变为黄色，金银二色花同缀枝头，因此得名。春末之际层层开花，金银相映，远望整个植株如同一个美丽的大花球。花朵清雅芳香，引来蜂飞蝶绕，因而又是优良的蜜源树种。金秋时节，对对红果挂满枝条，煞是惹人喜爱，也为鸟儿提供了美食。宿存浆果于雪后初融、露出如晶莹红宝石般十分可爱。

　　用途　花果并美，具有较高的观赏价值。在园林中，常将金银木丛植于草坪、山坡、林缘、路边或点缀于建筑周围。

　　繁殖及栽培管理　播种、扦插繁殖。

　　金银木栽植于植物园紫薇园、月季园、曹雪芹纪念馆等多处。花期4月下旬至5月上旬。

接骨木
Sambucus willamsii

科　属　忍冬科接骨木属
英文名　Williams Elder
别　名　公道老、扦扦活、大接骨丹

原产中国、日本、朝鲜半岛南部。性强健，喜光，亦耐半阴，耐寒，耐旱。

形态特征　落叶灌木或小乔木，高4～8m，枝有皮孔，光滑无毛。奇羽状复叶对生，小叶3～11，椭圆状披针形，长5～12cm，基部阔楔形，常不对称，缘具锯齿，两面光滑无毛，揉碎后有臭味。圆锥状聚伞花序顶生，花冠辐状，白色至淡黄色。浆果状核果，近球形，红色或黑紫色。

接骨木这个名字是由于它的分枝基部常有一圈瘤状隆起，就像是移接上的一样。据《植物名实图考》卷三十八接骨木："接骨木，江西广信有之，以有接骨之效，故名。"其异名"公道老"，则是其根在伤后即向外延伸发枝，旧时北京南郊农村常在地界边种植，若谁欲断根侵地则越挖越往外长，不挖就不再外延，故群众认为它能主持公道而名之。

用途　接骨木枝叶繁茂，春日白花盛开，夏秋丹果盈树，是良好的观赏灌木，宜植于草坪、林缘或水边赏白花绿叶及红果。枝、叶、根入药，有祛风活血、行淤止痛之效，主要用于骨折、跌打损伤、风湿性关节炎、水肿、大骨节病及急慢性骨炎等症。

繁殖及栽培管理　根系发达，萌蘖性强。播种、扦插、分株繁殖均可，常用扦插和分株繁殖。

接骨木栽植于植物园月季园、曹雪芹纪念馆外、绚秋苑等多处。花期4月中旬至5月上旬。

红蕾荚蒾
Viburnum carlesii

科　属　忍冬科荚蒾属

英文名　Carles Arrowwood

原产朝鲜半岛。喜光，稍耐阴，喜湿润、肥沃且排水良好的酸性壤土。

形态特征　落叶灌木，高1～2m。叶片灰绿色，长5～10cm，椭圆形或近圆形。聚伞花序呈半圆球形，直径5～8cm，花蕾为亮丽的粉红色，每朵小花初开时好似丁香花，盛开时为白色，香飘四溢。核果球形，直径约1cm。夏末至秋初，果实由暗红色转为黑色。

红蕾荚蒾花繁叶美，色香俱全，在春季的花园里独树一帜，到了秋天，如果控制好水分，叶片多能转呈美丽的红色，且经久不落，甚至入冬遇雪，在万树寂寥的雪中，更显英雄本色。

用途　红蕾荚蒾花、叶、果观赏价值俱佳，是优美的值得推广的优良树种。园林中孤植、群植均可。

繁殖及栽培管理　繁殖多采用扦插和嫁接。扦插一般在5月下旬至6月上旬，剪取半硬枝条，将插条直接蘸取3A3号促根粉（中科院植物园木本组研制）后插入插床中，月余即可生根。嫁接繁殖更适宜用于保留品种，可以将红蕾荚蒾嫁接在绵毛荚蒾（*V. lantana*）上，但由于绵毛荚蒾生长较红蕾荚蒾快，嫁接后要注意及时剪除砧木（绵毛荚蒾）的萌蘖，以免红蕾荚蒾被砧木萌蘖欺害而死。红蕾荚蒾一般不需大修大剪，只要在花后剪去过长的徒长枝维持其株形即可。

红蕾荚蒾栽植于植物园木兰小檗区南部。花期4月中旬至下旬。

香荚蒾
Viburnum farreri

科　属	忍冬科荚蒾属
英文名	Fragrant Viburnum
别　名	香探春、野绣球

原产甘肃、青海、新疆等地，华北园林中常有栽培。耐寒，耐半阴，喜肥沃、湿润松软的土壤，不耐瘠土和积水。

形态特征　落叶灌木，高3m。枝干紫褐色，幼时有柔毛。叶椭圆形，长4～7cm，顶端尖，基部阔楔形或楔形，缘具三角形锯齿，羽状脉明显。圆锥花序长3～5cm；花冠高脚碟状，蕾时粉红色，开放后白色，芳香，花冠筒长7～10mm，裂片5；雄蕊5。核果矩圆形，初鲜红色后变黑色。

用途　香荚蒾花白色而浓香，花序及花形颇似白丁香，花期极早，是华北地区重要的早春花木。丛植于草坪边、林荫下、建筑物前都极适宜。本种耐半阴，可栽植于建筑物的东西两侧或北面，丰富耐阴树种的种类。花可提取芳香油。

繁殖及栽培管理　种子不易收到，故繁殖多不用播种，用压条、扦插繁殖。

香荚蒾栽植于植物园木兰小檗区南部。花期3月下旬至4月上旬，先叶开放，也有花叶同放。

绵毛荚蒾
Viburnum lantana

科　属	忍冬科荚蒾属
英文名	Wayfaring Tree, Wayfaring Tree Viburnum
别　名	黑果荚蒾、黑果绣球

原产欧洲及亚洲西部，久经栽培。生长强健，耐寒性较强。

形态特征　落叶灌木，高4～5m。小枝幼叶有糠状毛。单叶对生，叶卵形至卵状椭圆形，长5～12cm，缘有小齿，侧脉直达齿尖，两面有星状毛。聚伞花序再集成伞形复伞花序，径6～10cm。花冠白色，裂片长于筒部。核果椭球形，长约8mm，由红变黑色。

用途　观花观果的好树种，有时秋叶变暗红色。果熟时能引来鸟类，给园林增添生气。

绵毛荚蒾栽植于植物园木兰小檗区南部。花期4月下旬。

树状荚蒾
Viburnum lentago

科　属　忍冬科荚蒾属

英文名　Sweet Viburnum，Nannyberry，Sheepberry

原产美国东北部和中西部，加拿大南部的新不伦瑞克西部至萨斯喀彻温省东南部。适宜在轻质沙壤土、中等肥沃的重黏土上生长。适宜酸性、中性和碱性各种土壤。喜潮湿，不耐旱，喜阳，耐半阴，极耐寒、可耐−30℃低温。

形态特征　落叶灌木，高达5～9m。单叶对生，叶卵形至椭圆形，长5～10cm，宽2～5cm，叶基部楔形、圆形或近心形，秋季变为深红、红色或橙色。花较小，花瓣5，白色，直径5～6mm，排列成大的圆形聚伞花序，直径5～12cm；花萼管状，齿端5裂；花冠5裂。两性花，雌雄同株，果实9～10月成熟。

用途　可植于公园、绿地供观赏，或作绿篱。果实香甜可口，霜冻之后口感最佳。树皮可止痉挛，用根熬汁可治月经不调和咯血，用叶制成药剂可治麻疹。

繁殖及栽培管理　种子成熟后应立即在阳畦上播种，种子发芽慢，有时需18个月之久。在初夏时可用软条进行扦插，第二年的晚春或初夏生根时进行分盆移栽；也可在7～8月采7～8cm的半成熟枝条进行扦插。

树状荚蒾栽植于植物园月季园花魂雕塑西南侧。始花期4月下旬，可持续至6月。

木本绣球
Viburnum macrocephalum

科　属　忍冬科荚蒾属
英文名　Chinese Snowball，Chinese Viburnum
别　名　绣球荚蒾、中国绣球荚蒾、大绣球、斗球

原产中国。生于秦岭以南至长江流域各地山坡灌丛或疏林中。喜光，略耐阴，生性强健，耐寒，耐旱，能适应一般土壤，但好生于肥沃、湿润的土壤。萌芽力、萌蘗力均强。

形态特征　为园艺种，落叶或半常绿灌木，高达4m。树冠半球形。芽、幼枝、叶柄均被灰白或黄白色星状毛。单叶对生，卵形或椭圆形，端钝，基部圆形，缘有细锯齿，下面疏生星状毛。开大型球状花，花序径可达20cm，聚伞花序，白色。不结实。

用途　本种树姿舒展，开花时白花满树，犹如积雪压枝，十分美观。宜配植在堂前屋后，墙下窗外，也可丛植于路旁林缘等处。

繁殖及栽培管理　因全为不孕花不结果实，故常行扦插、压条、分株繁殖。

木本绣球栽植于植物园牡丹园。花期5月上旬，数量极少。

琼花的花序中部为数量众多的小型可孕花，因此应为原种；而木本绣球应为琼花的变形。但具有戏剧性的植物分类学家先得到了木本绣球的标本，把它先定了名，结果琼花的拉丁名成了变形。

琼 花
Viburnum macrocephalum f. keteleeri

科　属	忍冬科荚蒾属
英文名	Wild Chinese Viburnum
别　名	木绣球、聚八仙花、蝴蝶木、牛耳抱珠

原产我国，为暖温带树种。较耐寒，较耐半阴，以肥沃、疏松和排水良好的微酸性土壤为佳。

形态特征　落叶或半常绿灌木，树冠球形。叶对生，卵形或椭圆形，边缘有细齿，背面疏生星状毛。聚伞花序生于枝端，周边（常8朵）为萼片发育成的白色大型不孕花，花冠直径3～4.2cm，中部是可孕花，直径7～10mm。雄蕊稍高出花冠，花药近圆形。核果椭圆形，先红后黑。

琼花的美在于它那与众不同的花型。其花大如玉盆，由8朵5瓣大花围成一周，环绕着中间那棵白色的珍珠似的小花（尚未开放的两性小花），簇拥着一团蝴蝶似的花蕊，微风吹拂之下，轻轻摇曳，宛若蝴蝶戏珠；又似八仙起舞，仙姿绰约，引人入胜。"千点真珠擎素蕊，一环明月破香葩。"无风之时，又似八位仙子围着圆桌，品茗聚谈。这种独特的花型，是植物中稀有的，故而世人格外地喜爱它，并美其名曰"聚八仙"。又因其树可高达越丈，洁白的朵朵玉花缀满枝丫，好似隆冬瑞雪覆盖，流光溢彩，璀璨晶莹，香味清馨，令人为之神往。

琼花是我国的千古名花。宋代张问在《琼花赋》中描述它是："靓容于茉莉，笑玫瑰于尘凡。惟水仙可并其幽闲，而江梅似同其清淑。"

琼花为扬州市花。自古有"维扬一株花，四海无同类"的美誉。琼花以叶茂花繁、洁白无瑕扬名天下。传说隋炀帝就是为到扬州赏琼花而下令开凿了大运河。欧阳修在此任太守时，曾称赞琼花是举世无双之花，在琼花观内题下"无双亭"。北宋的仁宗皇帝曾把琼花移到汴京御花园中，谁知次年即萎，只得送还扬州。南宋的孝宗皇帝又把它移往临安，但立刻憔悴无花，只有再次移送扬州。元兵攻破扬州，琼花便彻底死了。扬州人对琼花情有独钟。原物虽已不在，但扬州人把一种叫聚八仙的花视为琼花，当做市花精心培育呵护。

用途　园林中无论植于何处均甚相宜。枝、叶、果均可入药，具有通经络、解毒止痒的功效。

繁殖及栽培管理　长势旺盛，萌芽力、萌蘖力均强，种子有隔年发芽习性。常用种子沙藏两冬一夏播种繁殖，亦可嫁接。

琼花栽植于植物园泡桐白蜡区南部。花期5月上旬。

欧洲荚蒾
Viburnum opulus

科　属　忍冬科荚蒾属
英文名　European Cranberry Bush，Pincushion Tree
别　名　欧洲琼花

原产欧洲、非洲北部及亚洲北部，沿地中海各地均有分布。中国青岛、北京等地有栽培。具有较强的抗低温和抗盐碱能力。

形态特征　落叶灌木，高达4m。树皮薄，枝浅灰色，有纵棱，光滑。叶近圆形，3裂，有时5裂，缘有不规则粗齿，初生叶背面有毛，叶柄有窄槽，近端处散生2～3盘状大腺体。伞房状聚伞花序，于枝顶成球形，径5～7.5cm，有大型白色不孕边花，花药黄色。果近球形，浆果状，红色而半透明状。

用途　可培育成灌木、小乔木、绿篱或行道树，亦可片植或群植于庭园和绿地，在北方作为室内盆栽植物具有较好的观花、观果性状。全株入药，能通经活络、解毒止痒。

欧洲荚蒾栽植于植物园木兰小檗区南部、月季园、梅园等多处。花期5月上旬。

欧洲雪球

V. opulus 'Roseum'

　　常绿小乔木，老叶深绿，新叶多彩，叶片对生，呈椭圆形，叶缘有不整齐锯齿，叶脉网状。花绿白色，几全为不孕花，似雪球。具有较强的生长能力和萌枝能力，树形美观，观赏性强。花期4月下旬至5月上旬。

蝴蝶荚蒾
Viburnum plicatum f. *tomentosum*

科　属　忍冬科荚蒾属
英文名　Tomentose Japanese Snowball
别　名　蝴蝶戏珠花、蝴蝶树、蝴蝶荚蒾

　　原产陕西、河南和长江流域以南一带，日本和朝鲜南部也有分布。喜湿润气候，较耐寒，稍耐半阴，宜栽培于富含腐殖质的壤土中。本变型原应为原种，但因雪球荚蒾（*V. plicatum*）发表在先，故反将其定为变型。

　　形态特征　落叶灌木。叶对生，叶片宽卵形或长圆状卵形，叶背具星状毛，先端尖，边缘有锯齿。复伞形花序，外围有黄白色不孕花，大型，似蝴蝶；中部为淡黄色两性花，似珍珠，芳香。核果椭圆形，先红色后渐变黑色。

　　用途　花、果俱美的园林观赏植物，适宜作庭院树、花木，亦可作切花。

　　繁殖及栽培管理　播种或扦插繁殖，移栽容易成活。

　　蝴蝶荚蒾栽植于植物园木兰小檗区南部。花期4月下旬至5月上旬。

枇杷叶荚蒾
Viburnum rhytidophyllum

科　属	忍冬科荚蒾属
英文名	Leatherleaf Viburnum
别　名	皱叶荚蒾、山枇杷、黑汉条子

原产陕西、河南、湖北、四川及贵州。喜光，喜温暖湿润，较耐阴，有一定的耐寒性，不耐涝，好生于深厚肥沃、排水良好的壤土。

形态特征　常绿灌木或小乔木，高达4m。全株具星状绒毛。叶大、厚革质，卵状长椭圆形，长8～15cm，全缘或具小齿，叶面深绿色，皱褶而有光泽，多少反卷，背面密生黄褐色星状毛，侧脉不达齿端。聚伞花序，径达20cm，花冠蕾期粉红色，开后黄白色。核果小，卵形，由红色变黑色。

用途　在北京稍有小气候环境即可保持常绿，宜植于园林观赏。适于屋旁、墙隅、假山边、园路岔口或林缘、树下种植。是北京冬季少见越冬的常绿树。

繁殖及栽培管理　播种、扦插、压条、分株繁殖皆可。栽培容易，耐修剪。

枇杷叶荚蒾栽植于植物园盆景园入口附近、木兰小檗区等处。花期4月中旬至下旬。

鸡树条荚蒾
Viburnum sargentii

科　属	忍冬科荚蒾属
英文名	Sargent Cranberrybush，Sargent Arrowwood
别　名	天目琼花

原产中国，分布于东北、内蒙古、华北至长江流域地区；朝鲜、日本、俄罗斯也有分布。喜光，好湿，耐半阴，耐旱，耐寒。

形态特征　落叶灌木，高约3m。灰色浅纵裂，略带木栓，小枝有明显皮孔。叶宽卵形至卵圆形，长6～12cm，通常3裂，裂片边缘具不规则的齿，掌状3出脉，复聚伞形花序，径8～12cm，生于侧枝顶端，边缘有大型不孕花，中间为两性花；花冠乳白色，辐射状，花药紫色；核果近球形，径约1cm，鲜红色。果期8～9月。

鸡树条荚蒾的复伞形花序很特别，边

花（周围一圈的花）白色很大，非常漂亮但却不能结实，心花（中央的小花）貌不惊人却能结出累累红果，两种类型的花使其春可观花、秋可观果，极具观赏价值。

本种最初发现于浙江天目山地区，花似琼花，故名"天目琼花"。因花着生于顶端，故又称"佛头花"、"并头花"。本种与欧洲荚蒾极相似，但后者老干无木栓翅，叶基腺点可达4个及花药为黄色可辨。

用途　鸡树条荚蒾的树态清秀，叶形美丽，花开似雪，果赤如丹。宜在建筑物四周、草坪边缘配植，也可在道路边、假山旁孤植，溪、河谷口丛植或片植。枝、叶、果均入药。

繁殖及栽培管理　播种、扦插繁殖。夏季嫩枝扦插，春秋两季硬枝扦插成活率均较高。根系发达，移植容易成活。少病虫害。

鸡树条荚蒾栽植于植物园木兰小檗区南部、梅园等多处。花期4月下旬至5月上旬。

'欧朗'鸡树条荚蒾
Viburnum sargentii 'Onondaga'

花蕾颜色艳丽，颇为特别，极具观赏价值。本种栽植于植物园木兰小檗区南部。花期5月上旬。

天目琼花、琼花和东陵八仙花的区别　天目琼花的花序和琼花、东陵八仙花的花序有点相似，聚伞花序组成复伞形，周边（即外圈）为不孕花，白色。不过天目琼花和琼花的不孕花为5裂；而东陵八仙花为虎耳草科绣球属，不孕花由分离的4个花瓣状萼片组成。

海仙花
Weigela coraeensis

科　属	锦带花属
英文名	Korean Weigela
别　名	五色海棠

产华东一带。朝鲜、日本也有分布。喜光，稍耐阴，喜湿润肥沃土壤。北京地区可陆地越冬。

形态特征　落叶灌木，小枝粗壮。叶宽椭圆形或倒卵状椭圆形，表面深绿，背面淡绿，脉间稍有毛。花数朵组成聚伞花序，腋生；花冠漏斗状钟形，初开时白色、黄色或淡玫瑰红色，后变为深红色，故又名二色锦带。蒴果柱形，种子稍有翅。

用途　花色丰富，适于庭院、湖畔丛植；也可在林缘作花篱、花丛配植；点缀于假山、坡地，景观效果也颇佳。

繁殖及栽培管理　分株、扦插或压条繁殖。

海仙花栽植于植物园东南门入口处、木兰小檗区等处。花期5月上旬。

海仙花与锦带花的区别　1. 花萼不同，海仙花的花萼为线形，裂达基部；锦带花的花萼5裂，下半部合生在一起。2. 种子不同，海仙花的种子有翅，锦带花的种子无翅。

锦带花
Weigela florida

科　属	忍冬科锦带花属
英文名	Old-fashioned Weigela
别　名	五色海棠、文官花、山脂麻

原产华北、东北及华东北部；现国外许多国家都有栽培。喜光，耐阴，耐寒，对土壤要求不严，能耐瘠薄土壤，但以深厚、湿润而腐殖质丰富的土壤生长最好，怕水涝。

形态特征　落叶灌木，高可达3m，枝条开展，有些树枝会弯曲到地面，小枝细弱，幼时具2列柔毛。叶椭圆形或卵状椭圆形，长5～10cm，缘有锯齿，表面脉上有稀疏毛，背面尤密。花冠漏斗状钟形，玫瑰红色，裂片5。蒴果柱形，种子无翅。

宋代王禹诗句："何年移植在僧家，一簇柔条缀彩霞……"形容锦带花枝长花茂，灿如锦带。宋代杨万里诗句："天女风梭织露机，碧绿地上茜栾枝。何曾系住春归脚，只得紫长客恨眉。节节生花花点点，茸茸晒日日迟迟。"写锦带花似天上仙女以风为梭，露为机，织出的绚丽锦带，尽管花美却留不住春光，只留得像镶嵌在玉带上宝石般的花朵供人欣赏。

用途　本种花朵繁密而艳丽，花期长，是北方园林中重要的观花灌木之一。

　　繁殖及栽培管理　萌芽力强，生长迅速。常用扦插、分株、压条方法繁殖。栽培容易生长迅速，病虫害少。

'金亮'锦带

W. florida 'Goldrush'

　　又名'花边'锦带花。栽植于科普馆东侧等处。花期4月下旬至5月中旬。

'红王子'锦带

W. florida 'Red Prince'

　　又名红花锦带花。花鲜红至玫瑰红色。栽植于绚秋苑、科普馆东侧等处。花期4月下旬至5月中旬。是植物园从美国新引进的优良树种。

'花叶'锦带

W. florida 'Variegata'

　　叶边淡黄白色；花粉红色。本种栽植于植物园绚秋苑。花期5月上旬。

　　锦带花栽植于植物园科普馆东侧、月季园、绚秋苑、碧桃园、木兰小檗区等处。花期5月上旬。植物园有栽培品种20余个。

早锦带花
Weigela praecox

科　属　锦带花属
英文名　Early　Weigela
别　名　毛叶锦带花

产俄罗斯、朝鲜及我国东北。东北一些城市及北京园林中常有栽培。喜光，稍耐阴，耐寒，耐瘠薄。

形态特征　落叶灌木，高2m，与锦带花近似，主要特点是：叶两面均有柔毛；花萼裂片较宽，基部合生，多毛；花冠狭钟形，中部以下突然变细，外面有毛，玫瑰红或粉红色，喉部黄色；3～5朵着生于侧生小短枝上；花期较早。

用途　优美花灌木，可植于庭园、绿地、墙隅等处。

早锦带花栽植于植物园管理处。花期4月中旬，数量极少。

蓍 草
Achillea millefolium

科　属	菊科蓍草属
英文名	Common Yarrow, Sanguinary, Thousand-Seal
别　名	欧蓍、千叶蓍、锯草

　　原产欧洲、西亚，自然扩展至北美、新西兰、澳大利亚。我国各地庭园常有栽培，新疆、内蒙古及华北少见野生。性耐寒，耐热，抗逆性强。

　　形态特征　多年生草本，根状茎向外扩展生长，株高30～90cm，全株被柔毛。叶互生，无柄，条状披针形，1～3回羽状全裂。头状花序多数，密集成直径2～6cm的复伞房状；舌状花5朵，花白色、粉红色或淡紫红色，顶端2～3齿；盘花两性，管状，黄色，5齿裂，外面具腺点。

　　用途　宜作花境或地被材料，或用于花丛、岩石园、切花等。叶、花含芳香油，全草可入药，有发汗、驱风之效。

　　繁殖及栽培管理　播种、扦插或分株繁殖。

　　蓍草栽植于植物园宿根园等多处。始花期4月下旬，可延续至8月。

银苞菊
Ammobium alatum

科　属	菊科苞瓣菊属
英文名	Winged Everlasting
别　名	贝细工、铁菊、翼枝菊

原产澳大利亚。喜温暖、阳光充足、通风良好的环境，耐旱，忌湿涝。对土质要求不严，如有条件宜选用富含腐殖质的沙质壤土。

形态特征　多年生草本花卉，常作2年生栽培，株高约1m。头状花序单生枝顶，直径约2.5cm；仅具管状花，两性，黄色，总苞苞片卵形，银白色，呈花瓣状。

人们经常将银苞菊与麦秆菊相混淆。银苞菊只有白色一种花色，另外，茎枝均有翼。白色的瓣状部分实际上是苞片，真正的花是中间隆起的黄色部分。因为含水分很少，故常被用作干花花艺。花形高贵优美，耐人寻味。

银苞菊的花语是不变的誓言。赠花礼仪：在绿色藤蔓做成的花环上点缀上银苞菊、白色的补血草和霞草，用白色的薄纱、象牙色的丝带包装好后赠人。

用途　银苞菊的花朵小巧紧凑、银瓣金芯，颇具特色。因其总苞苞片呈干膜质，为银白色，经采收后阴干可以长期保存，所以特别适合用来作干花，将其安放在古色古香的瓶器中能够为环境增添田园气息。

繁殖及栽培管理　秋季或春季播种繁殖。不喜大肥，施肥过多会使花小。

银苞菊为植物园春季花坛、花境草花。始花期4月下旬，可开至夏季。

雏 菊
Bellis perennis

科　属	菊科雏菊属
英文名	English Daisy
别　名	延命菊、春菊、马兰头花、玛格丽特（法国名）

原产欧洲及小亚细亚。喜光，喜凉爽湿润，半耐寒。喜肥沃疏松、湿润而排水良好的土壤。

形态特征　多年生草本，常作2年生栽培。株丛具莲座叶丛，叶匙形或倒卵形。头状花序单生，高出叶面，花葶高7.5～15cm，花径3～5cm；舌状花条形，白色、淡粉色等；管状花黄色。栽培品种有深红色全舌状花者。

雏菊的叶密集矮生，颜色碧翠。从叶间抽出的花葶错落排列，外观古朴，花朵娇小玲珑，色彩和谐。早春开花，生气盎然，具有君子的风度和天真烂漫的风采，深得人们的喜爱，还因此被定为意大利国花。

雏菊的拉丁属名"*Bellis*"是美丽的意思。花语为清白、守信、天真、和平。

无论是遥远的北欧，还是中国，到处都可见这种植物，它的中文名是因为它和菊花很像，是线条花瓣的，区别在于菊花花瓣长而卷曲油亮，雏菊则短小笔直，就像是未成形的菊花，故名"雏菊"。

莎士比亚在《哈姆雷特》中描写丹麦王的儿媳奥菲利娅发疯投河那场戏中，奥菲利娅一边唱着自编的歌谣，一边编织花环，那四种花中，其中一种就是雏菊。

用途　雏菊植株小巧玲珑，花期长，花色丰富艳丽，是春季布置花坛、花境、岩石园、草地边缘不可缺少的重要花卉。亦可盆栽。

繁殖及栽培管理　播种繁殖为主，亦可分株繁殖。播种繁殖，品种极易退化，花期应注意选留采种母株。生长期间肥水应充足，并要经过一段时间的低温才会开花。

雏菊为植物园春季花坛、花境主要草花。栽培品种有'园圃'雏菊（*B. perennis* 'Hortensis'）、'拉丁舞'雏菊（*B. perennis* 'Latinic Dance'）和'麦迪斯'雏菊（*B. perennis* 'Medicis'）等。始花期4月中旬，可持续月余之久。

鬼针草
Bidens bipinnata

科　属	菊科鬼针草属
英文名	Sticktight
别　名	婆婆针、刺针草

产华东、华中、华南、西南各省区。广布于亚洲和美洲的热带和亚热带地区。生于村旁、路边及荒地中。

形态特征　　1年生草本；茎直立，钝四棱形。茎中下部叶对生，上部叶互生，叶片通常2回羽状深裂。头状花序，直径2.5cm，有长梗；总苞基部被短柔毛，盘花筒状，黄色，长约4.5mm，冠檐5齿裂。瘦果黑色，条形，顶端有3～4枚刺芒。

鬼针草为植物园春季花坛、花境草花。始花期4月中旬，可持续数月。

金盏菊
Calendula officinalis

科　属	菊科金盏菊属
英文名	Pot Marigold
别　名	长生菊、金盏花、黄金盏、醒酒花、常春花

原产欧洲南部，现世界各地均有栽培。喜阳光充足环境。适应性较强，不择土壤，能耐瘠薄干旱土壤及略阴凉环境。

形态特征　　2年生草本，株高30～60cm，全株被白色茸毛。叶矩圆形至矩圆状卵形，全缘或具疏齿，抱茎。头状花序单生茎顶，形大，可达10cm，夜间闭合。边缘舌状花一轮或多轮，平展，淡黄至深橙红色；中央筒状花，黄色或黄褐色。也有重瓣（实为舌状花多层）、卷瓣和绿心、深紫色花心等栽培品种。

金盏菊花色金黄，花圆盘状，亭亭向上，如同金盏，故而得名。

用途　　适用于中心广场、花坛、花带布置，也可作为草坪的镶边花卉或盆栽观赏。长梗大花品种可用于切花。花、叶有消炎、抗菌作用。根能行气活血。欧洲民间外用于皮肤、黏膜的各种炎症，也可内服治疗各种炎症及溃疡。新鲜的花卉可以放在沙拉里吃。

繁殖及栽培管理 播种为主，亦可扦插繁殖，偶能自播。适应性很强，生长快。花芽分化需一段时间低温，否则开花不良。

金盏菊为植物园春季花坛、花境草花。栽培品种有'棒棒'金盏菊（*C. officinalis* 'Bon Bon'）、'幸运'金盏花（*C. officinalis* 'Lucky'）等。始花期4月中旬，可延续至6月。

矢车菊
Centaurea cyanus

科　属	菊科矢车菊属
英文名	Cornflower, Bluebottle, Bachelor's-Button
别　名	蓝芙蓉、翠兰、荔枝菊

原产欧洲、近东等地。世界各地公园、花园及校园普遍栽培。适应性较强，喜阳光充足，不耐阴湿，较耐寒，喜冷凉，忌炎热。喜肥沃疏松和排水良好的土壤。

形态特征 1～2年生草本，多分枝，有高生品种及矮生品种。幼株茎叶具白色绵毛，叶互生，线形，全缘。头状花序单生枝顶，边缘舌状花为漏斗状，花瓣边缘5～6齿状裂，中央花管状，呈白、红、蓝、紫等色，但多为蓝色。

某些地方的少女，喜欢把摘下来的矢车菊压平后放进内衣里，经过一个小时之后，如果花瓣依然保持平坦、宽阔，那么就

表示将遇见自己未来的另一半。因此，它的花语是遇见幸福。凡是受到这种花祝福而生的人，一辈子会遇见不少贵人，如良师益友或是理想伴侣。

在花历中，矢车菊被选来祭祀拉莎罗的妹妹圣玛达。7月29日的生日花为矢车菊。

矢车菊为德国、马耳他国花，此花启示人们小心谨慎和虚心学习。此花定为德国国花，是因为普鲁士皇帝的母亲路易斯王后，在一次内战中被迫逃难，乘坐的车子坏了，她和两个孩子在路边等待时，发现盛开的矢车菊，即用此花编成花环，戴在9岁的威廉胸前。后来威廉一世加冕了德意志皇帝，仍十分钟爱矢车菊，称它为吉祥之花。

用途　高生品种株型挺拔，花梗长，适于作切花，也可作花坛、花径材料。矮生品种可用于花坛、草地镶边或盆花观赏。同时也是良好的蜜源植物。边花可以利尿。

繁殖及栽培管理　播种繁殖。生长容易，喜密植。

矢车菊为植物园春季花坛、花境草花。始花期4月中旬。

花环菊
Chrysanthemum carinatum

科　属　菊科茼蒿属
英文名　Painted Daisy
别　名　三色菊

原产北非摩洛哥等地。性喜温暖向阳气候，不耐寒。在疏松肥沃、排水良好的土壤上生长良好。忌酷暑与水涝。

形态特征　1～2年生草本。茎直立，多分枝，株高70～100cm。叶数回羽裂，裂片线形。头状花序，径约6cm，舌状花单轮或数轮，基部黄色，外部管状花有白、黄、红、粉、紫褐及暗紫等色圈，常二三色呈复色环状。

用途　花色绚丽且花期长，园林中多用于布置花坛或花境，也能盆栽观赏，还是一种很好的切花材料。

繁殖及栽培管理　播种繁殖，可以春播，也能秋季保护地播种、育苗。

花环菊为植物园春季花坛、花境草花。花期4月中旬至5月上旬。

黄金菊
Chrysanthemum frutescens

科　属　菊科茼蒿属
英文名　Garland Chamomile, Crown Daisy
别　名　蓬蒿菊、茼蒿菊、木春菊

原产地中海地区。喜阳光充足、凉爽湿润环境，不耐炎热，稍耐轻霜。宜选用富含腐殖质的沙质壤土。

形态特征　1年生草本，生长迅速而健壮，茎直立，具分枝。叶2回羽状深裂，浅绿色。头状花序黄色或浅黄色，具长总梗，花单瓣或重瓣，花径5cm左右。

用途　本种花期长，枝叶繁茂，为重要的切花材料或盆花。适宜成片或块状栽植，宜作地被植物、栽植于疏林草地，亦可布置花坛、花境。其嫩茎叶供作蔬菜，日本人也食其嫩花头。

黄金菊的花语为未知的爱。

繁殖及栽培管理　播种繁殖，春、秋均可进行。不喜氮肥过多，否则植株容易徒长，可在生长旺盛季节每周追施一次富含磷、钾的稀薄液体肥料。

黄金菊为植物园春季花坛、花境草花。花期4月下旬。

黄晶菊
Chrysanthemum multicaule

科　属　菊科茼蒿属
别　名　黄滨菊

原产欧洲比利牛斯山、阿尔及利亚。喜光照，喜肥沃、排水良好而富含有机质的壤土或沙质壤土。

形态特征　1年生草本花卉，植株矮生，高约15～25cm。叶对生，外形轮廓变化较大，常线形或匙形，羽状浅裂或成3裂。花瓣鲜黄，中心浓黄色，单瓣，花径约5cm。成簇栽培，甚为高雅脱俗。

用途　适合小型盆栽、组合盆栽和春天花坛、花境、地被应用，也可作切花。

繁殖及栽培管理　播种繁殖。播种时需覆盖，种子发芽温度为15～20℃，发芽所需天数为7～10天。生长需全日照。播种后17～22周开花。

黄晶菊为植物园春季花坛、花境草花。始花期4月下旬，可持续2～3个月。

白晶菊
Chrysanthemum paludosum

科　属	菊科茼蒿属
英文名	Button Mum，Chrysanthemum
别　名	春梢菊

原产北非、西班牙。喜阳光充足而凉爽的环境。略耐霜寒，喜温暖，忌高温多湿。

形态特征　1年生草本花卉，株高15～20cm。叶互生，一至二回羽裂。头状花序顶生，盘状；边缘舌状花银白色，中央筒状花金黄色，色彩分明、鲜艳，花径3～4cm。株高到15cm即可开花，花后结瘦果，5月下旬成熟。

白晶菊花瓣纯白，中心浓黄色，成簇栽培，极为高雅脱俗。

用途　白晶菊矮而强健，多花，花期早，花期长，成片栽培耀眼夺目，适合盆栽、组合盆栽观赏或早春花坛美化。

繁殖及栽培管理　播种繁殖。适应性强，不择土壤，但以种植在疏松肥沃、湿润的壤土或沙质壤土中生长最佳。

白晶菊为植物园春季花坛、花境草花。栽培品种有'雪地'白晶菊（*C. paludosum* 'Snowland'）。始花期4月下旬，可持续2～3个月。

大 蓟
Cirsium japonicum

科　属　菊科蓟属
英文名　Japanese Thistle
别　名　刺蓟菜、山萝卜、地萝卜

广布河北、山东、陕西、江苏、浙江、江西、湖南、湖北等省区。日本、朝鲜有分布。生于山坡林中、林缘、灌丛中、草地、荒地、田间、路旁或溪旁。喜阴凉气候，以土层深厚、肥沃疏松、湿润处生长较好。

形态特征　多年生草本，高0.5～1m。茎直立，有细纵纹，基部有白色丝状毛。基生叶丛生，有柄，倒披针形或倒卵状披针形，羽状深裂，边缘齿状，齿端具针刺，上面疏生白色丝状毛，下面脉上有长毛；茎生叶互生，基部心形抱茎。头状花序顶生；总苞钟状，外被蛛丝状毛；花两性，管状，紫色；花药顶端有附片，基部有尾。

用途　大蓟味甘、凉，无毒。治吐血，尿血，血淋，血崩等。

大蓟为植物园野生地被。始花期4月下旬，可延续至8月。

刺儿菜
Cirsium setosum

科　属　菊科蓟属
英文名　Spinegreens，Setose Thistle
别　名　刺刺芽、小蓟

分布于全国各地；朝鲜、日本也有分布。为中生植物，普遍群生于撂荒地、耕地、路边、村庄附近，为常见的杂草。

形态特征　多年生草本，有匍匐根状茎；茎直立，幼茎被白色蛛丝状毛，有棱，高20～50cm，肥沃之地可达2m。叶互生，齿端有硬刺，两面有疏生的蛛丝状毛。雌雄异株，头状花序单个或数个生于枝端，成伞房状，内层总苞片有刺。雌花序较雄花序大，雄花花冠长17～20mm，雌花花冠长约26mm，花冠紫红色。瘦果，冠毛羽毛状。

用途　全草入药，性味甘凉，具有凉血止血、解毒消肿的功效，治吐血、尿血、便血、急性传染性肝炎、痈毒等。采集刺儿菜幼苗入沸水锅焯一下，捞出洗去苦味，可制成多种菜肴。《食疗本草》载"取菜煮食之，除风热"。

刺儿菜为植物园野生地被。始花期4月中旬，可延续至7月。

金鸡菊
Coreopsis grandiflora

科　属	菊科金鸡菊属
英文名	Tickseed, Bigflower Coreopsis
别　名	大花金鸡菊、剑叶波斯菊

原产北美，1826年输入欧洲。我国有栽培。性耐寒、耐旱、耐瘠薄，喜光，对土壤要求不严。适应性强，对二氧化硫有较强的抗性。

形态特征　多年生草本，常作1年生栽培，株高30～80cm，分枝伸展。基生叶匙形或披针形，具长柄，茎生叶3～5深裂。头状花序单生于枝端，径6～7cm，具长梗；舌状花通常8枚，黄色，基部浓红色，长1～2.5cm，瓣顶端3裂；管状花也为黄色。栽培品种中有重瓣者。

用途　可观叶，也可观花，是极好的疏林地被。在屋顶绿化中作覆盖材料效果极好，还可作花境材料。本种色彩鲜明，花期长，成本低，是高速公路绿化的优良草花。还可用作切花。

繁殖及栽培管理　播种、分株繁殖。栽培容易，植株根部极易萌蘖，有自播繁衍能力。生产中多采用播种或分株繁殖，夏季也可进行扦插繁殖。

金鸡菊为植物园春季花坛、花境草花。始花期4月下旬。

异果菊
Dimorphotheca sinuata

科　属	菊科异果菊属
英文名	Cape Marigold
别　名	白兰菊、铜钱花、雨菊、绸缎花

　　原产南非开普敦地区。喜温暖湿润环境，不耐寒，长江以北地区均需保护越冬。忌炎热，喜阳光充足、土壤疏松、排水良好的生境。

　　形态特征　　1～2年生草本，花似非洲菊，株高约30cm。自基部分枝，多而披散，枝叶有腺毛。叶互生，长圆形至披针形，叶缘有深波状齿，茎上部叶小，无柄。头状花序顶生；舌状花橙黄色，有时基部紫色；盘心管状花黄色。花在晴天开放，或在上午9时左右开放，午后逐渐闭合。瘦果两型。栽培中有柠檬黄、杏黄及乳白色花品种。

　　用途　　本种花大而多，色彩艳丽。可作春季花坛材料或布置花境和岩石园，也可盆栽。

　　繁殖及栽培管理　　播种繁殖，保护地育苗。在良好的环境条件下，偶能自播繁衍。

　　异果菊为植物园春季花坛、花境草花。栽培品种有'春日'异果菊（*D. sinuata* 'Spring'）。花期4月下旬至5月上旬。

蓝雏菊
Felicia heterophylla

科　属　菊科蓝雏菊属
英文名　True-blue Daisy, Felicia
别　名　蓝费利菊

原生南非。喜阳光充足，通风良好的凉爽环境，栽培土以肥沃疏松排水良好的沙质壤土为宜。不耐寒，忌酷暑。

形态特征　1年生草本植物，株高30～40cm。叶互生，倒披针形，叶面有明显主脉。花梗从茎基部抽出，花顶生，线形花瓣，花色以蓝色为主，另有少量粉色、桃色和紫色，比较特别的是花心会有类似小珍珠点缀其上。

蓝雏菊分枝茂密，开花时只见满满的花不见叶，拿来作地被植物，或粉或蓝或紫，大地也变成一片美丽的青空，别具风情！

用途　春天开蔚蓝色美丽小花，花色明快、花期长。多用于花坛种植或岩石景观及盆栽。

繁殖及栽培管理　播种繁殖。播种以春、秋季为宜。播种后用粗蛭石略覆盖，约5～10天后发芽。大约30天后，就可移植。生长期用稀薄液肥，每7～10天施用一次作追肥，帮助植株生长。开始开花时要注意水分的控制，应保持适度干燥。在花期增施磷钾肥，可使其花开不断。

蓝雏菊为植物园春季花坛、花境草花。花期4月中旬。长势旺，生长日温约18～23℃，夜温约7～12℃，在开花期间保持适当的低温，可以维持较长的花期。

天人菊
Gaillardia pulchella

科　属　菊科天人菊属
英文名　Rosering Gaillardia, Blanket Flower
别　名　忠心菊、虎皮菊、美丽天人菊

原产北美，各地都有栽培。耐干旱炎热，不耐寒，喜阳光，也略耐半阴。宜排水良好的疏松土壤。耐风、抗潮、生性强韧，是良好的防风定沙植物。

形态特征　1年生草本，株高30～50cm，全株被柔毛。叶互生，矩圆形、披针形至匙形，全缘或基部叶成琴状分裂，近无柄。头状花序顶生，具长梗。舌状花黄色，先端3齿裂，基部紫红色；管状花先端成尖芒状，紫红色。

天人菊的头状花序里面包含了许多舌状花与筒状花。外围的舌状花色彩缤纷，有如吸引昆虫前来的停机坪；中间的筒状花聚集成小圆球状，当舌状花凋谢后，这个部位就会发育成果团，里面的种子成熟后随风飘散，可落地生长。此外，有些天人菊的舌状花会长成管状，看似弯弯的小喇叭；有些变种天人菊整朵花皆呈嫩黄色，别具韵致；天人菊的叶子与柔毛，也是值得观赏的地方。

天人菊是中国台湾省澎湖县的县花，在澎湖各地到处可见，所以澎湖被称为菊岛。由于繁殖力与生命力很强，当初自北美洲引进后，天人菊便以惊人速度在澎湖群岛与台湾的中、北部海岸蓬勃生长。时至今日，美丽的天人菊已成为澎湖观光的胜景之一，也因为它的强韧特质而被选为澎湖的县花。

用途　天人菊花姿娇娆，色彩艳丽，花期长，可作花坛、花丛的材料，亦可盆栽或作切花。植株晒干后焚烧，有驱蚊作用。

繁殖及栽培管理　播种和扦插繁殖。播种繁殖发芽整齐，但苗期生长较慢。注意间苗，4枚真叶时移植。对肥水要求不严，管理粗放。

天人菊为植物园春季花坛、花境草花。始花期4月下旬，可延续数月。

勋章菊
Gazania rigens

科　属	菊科勋章菊属
英文名	Treasure Flower
别　名	勋章花、非洲太阳花

原产南非。性喜温暖向阳气候，喜排水良好、肥沃疏松土壤，好凉爽，耐低温，不耐冻，忌高温高湿与水涝。

形态特征　多年生草本，高30～40cm。叶丛生，披针形、倒卵状披针形或扁线形，全缘或有浅羽裂，叶背密被白绵毛。头状花序单生，花径7～9cm，金黄色，丛生状；舌状花单瓣，有红、橘红、白、黄等色，基部有黑色与白色眼点或棕色斑块，有光泽。栽培品种多，花色变化大。

在明亮金属光泽的舌状花基部具有环状的黑色或褐色斑纹，形状有如英雄勋章，故名。花朵有白天开放，夜晚闭合的特性。故要求花期栽植展示地要有充足的光照，光照不足则闭合不开。

用途　勋章菊花色五彩缤纷，鲜艳美丽，花瓣富有光泽，日开夜闭，极有情趣，是非常好的花坛、花径镶边材料和插花材料；还可盆栽。

繁殖及栽培管理　繁殖用播种、分株、扦插均可，还可用组织培养达到快速繁殖的目的。生长健壮，少病虫害。耐粗放管理。

勋章菊为植物园春季花坛、花境草花。栽培品种为'鸽子舞'勋章菊（*G. splendens* 'Gazoo'）、'破晓'勋章菊（*G. rigens* 'Daybreak'）等。始花期4月中旬，可开至初夏。

麦秆菊
Helichrysum bracteatum

科　属　菊科蜡菊属
英文名　Straw Flower
别　名　蜡菊、贝细工

原产澳大利亚，在东南亚和欧美栽培较广，我国也有栽培。喜阳光充足、温暖的环境。不耐寒，忌酷热。耐贫瘠、干燥。适应性强。

形态特征　多年生草本，常作1～2年生栽培。全株具微毛。叶互生，长椭圆状披针形。头状花序单生枝顶，直径3～6cm。总苞苞片多层，膜质，覆瓦状排列，外层椭圆形呈膜质，干燥具光泽，形似花瓣，内部各层苞片伸长酷似舌状花，有白、黄、橙、褐、粉红及暗红等色，管状花位于花盘中心，黄色。晴天花开放，雨天及夜间关闭。

麦秆菊的花语为永恒的记忆、铭刻在心。它的茎直立，苞片膜质发亮如麦秆，故名。苞片有蜡质光泽，颜色经久不褪，似贝壳细工制成，故又叫蜡菊、贝细工。

用途　麦秆菊可布置花坛，或在林缘自然丛植。花瓣因含硅酸而膜质化，并具有金属光泽，干燥后形成花色经久不变，最宜切取作"干花"。

繁殖及栽培管理　播种繁殖。自播种后，约经3个月培育，便可开花，单花期长达月余之久，每株陆续开花可长达3～4个月。

麦秆菊为植物园春季花坛、花境草花。始花期5月上旬，可开至9月。植物园有4个品种的麦秆菊。

苦 菜
Ixeris chinensis

科 属 菊科苦荬菜属
英文名 China Ixeris
别 名 山苦荬菜、苦麻菜、黄鼠草、陷血丹、苦丁菜

分布于中国北部、东部和南部。生于山地及荒野，为田间杂草。耐热，耐寒，适应性强。

形态特征 多年生草本，全株无毛。叶基生，莲座状，倒披针形或更窄，全缘或有不规则裂，无柄，微抱茎。头状花序，多个排成伞房状；总苞圆筒状，外层总苞片卵形，约有6～8个，内层狭长，绿色；全为舌状花，黄色或白色，先端5齿裂；花药绿褐色。瘦果狭披针形，喙长约3mm，冠毛白色。

在我国北方，苦菜是生长普遍的一种野菜，在农村几乎无人不识。女孩子们喜欢采来插在小辫子上，作装饰。

用途 将其点缀于草坪之中，能带来亲切、温暖的感觉。苦菜的味道微苦，民间采其嫩叶凉拌、蘸酱生吃，也可作馅。全草或根入药，具清热解毒、排脓、止血之功效。主治肺热咳嗽、肠炎、痢疾、胆囊炎、盆腔炎、血崩、跌打损伤等。

繁殖及栽培管理 苦菜为根蘖型草本。以种子和根蘖进行繁殖，但以营养繁殖为主。

苦菜为植物园野生地被。始花期4月中旬，可延续至6月。

抱茎苦荬菜
Ixeris sonchifolia

科 属 菊科苦荬菜属
英文名 Sowthistle-leaf Ixeris
别 名 苦荬菜、苦碟子、黄瓜菜

分布于我国东北、华北、华东和华南等省区；朝鲜也有。常生于路边、河边、山坡、荒野、田间地头，常见于麦田。

形态特征 多年生草本，株高约30～80cm。茎直立，上部有分枝，有乳汁。基生叶多枝，铺散；茎生叶较小，卵状椭圆形或卵状披针形，先端锐尖，基部扩大成耳状或戟形且抱茎极深，似茎从叶中穿出之形；叶全缘或羽状分裂。头状花序密集成伞房状，全部为舌状花，黄色，长7～8mm，先端截形，具5齿。瘦果纺锤形，黑色，喙短，冠毛白色。

用途 嫩茎叶可做鸡鸭饲料，全株可为猪饲料。全草入药，有清热解毒，消肿之功效。

繁殖及栽培管理 中生性阔叶杂类草，适应性较强，为广布性植物。

抱茎苦荬菜为植物园野生地被。始花期4月下旬。

苦菜与抱茎苦荬菜的主要区别　苦菜全为基生叶，叶狭长；头状花序中舌状花黄色较淡，花药绿褐色。抱茎苦荬菜基生叶较苦菜短、圆；茎生叶基部全抱茎，且有耳状裂片。舌状花黄色较深，花药金黄色。

皇帝菊
Melampodium paludosum

科　属	菊科黄星花属
英文名	Butter Daisy, Melampodium
别　名	黄帝菊、美兰菊、黄星花

原产中美洲。喜全光照，耐热，耐湿，稍具耐旱性，但水分仍需持续适量供应，如果土壤过湿，会使下叶萎黄、生长衰弱。忌水涝，不耐寒冻。

形态特征　多年生草本，作1年生栽培。矮生，株高约30～50cm。叶对生，斜卵形，缘具锯齿。头状花序顶生，舌状花椭圆形，金黄色；管状花暗紫色；花小而密，花形似雏菊，花径2.5cm左右。

黄色是中国的帝王之色，皇帝菊鲜丽的黄色正是这种尊贵的颜色，加之小巧的花朵由大大的叶丛如万臣拥戴、众星捧月般捧托着，

以"皇帝菊"命名恰如其分。

　　用途　花色鲜黄明媚，花期长，适于盆栽，地被，花坛，岩石园，亦是花境的好材料。

　　繁殖及栽培管理　播种繁殖，春秋均可播。7天左右发芽，2～3个月开花。管理粗放，栽培容易，在高温高湿气候条件下生长表现极佳。

　　皇帝菊为植物园春季花坛、花境草花。花期长，从春至秋季，可开至初霜。早春盛花期为4月中旬至下旬。

蚂蚱腿子
Myripnois dioica

科　属	菊科蚂蚱腿子属
英文名	Common Myripnois, Cocustleg
别　名	万花木

　　产我国东北及华北地区。在北京地区海拔400m的山地分布较多。一般与荆条、红花锦鸡儿、三裂绣线菊组成灌丛群落，与其共生的还有北京隐子草、委陵菜、白头翁、苔草等草本植物。

　　形态特征　落叶小灌木，高达50～80cm。叶互生，卵形至广披针形，长2～4cm，3主脉。头状花序腋生，常有花5～10朵；雌花与两性花异株，雌花花冠舌状，淡紫色；两性花花冠筒状，白色，二唇形，外唇舌状，3～4短裂，内唇小，全缘或2裂。

　　蚂蚱腿子因分枝的形态似蚂蚱之曲腿而得名。它是华北地区山区常见植被物种。它的花是具总苞的头状花序，归到菊科，是菊科少数木本植物之一，在华北仅此一种菊科木本植物。

　　用途　北京山地常见，可作水土保持树种，亦可引种到园林供观赏。

　　蚂蚱腿子栽植于树木园松柏区、关帝庙附近及王锡彤墓园南门外等处。花期4月上旬至下旬。

南非万寿菊
Osteospermum ecklonis

科　属	菊科南非万寿菊属
别　名	大芙蓉、臭芙蓉

原产南非，近年来从国外引进我国。喜阳，稍耐寒，耐干旱，喜疏松肥沃的沙质壤土。

形态特征　多年生草本花卉，作1～2年生草花栽培。矮生种株高20～30cm，茎绿色。头状花序，多数簇生成伞房状，有白、粉、红、紫红、蓝、紫等色，花单瓣，花径5～6cm。

用途　南非万寿菊无论作为盆花案头观赏还是早春园林绿化，都是不可多得的花材。如将其作为花境的组成部分，与绿草奇石相映衬，更能体现出它那和谐的自然美。

繁殖及栽培管理　分枝性强，不需摘心。开花早，花期长。低温利于花芽的形成和开花。气候温和地区可全年生长。

南非万寿菊为植物园春季花坛、花境草花。花期4月中旬至5月上旬。

瓜叶菊
Pericallis × hybrida

科　属	菊科瓜叶菊属
英文名	Florists Cineraria
别　名	千日莲、瓜叶莲、千里光

园艺杂交种群，主要亲本种产大西洋加那利群岛。喜温暖湿润气候，不耐高温、干燥、雨涝和霜冻。好肥，喜疏松排水良好的土壤。

形态特征　多年生草本，常作1～2年生栽培。分为高生种和矮生种，20～90cm不等。全株被微毛，叶片大，形如瓜叶，绿色光亮。花顶生，头状花序多数聚合成伞房花序，花序密集覆盖于枝顶，常呈一锅底形，花色丰富，除黄色以外其他颜色均有；舌状雌花花冠有时呈双色，基部白色，上半部呈他色。

瓜叶菊的叶片如瓜类植物的叶，头状花序簇生成伞房状，开在宽阔、舒展的绿叶之上，富丽庄重、落落大方。花色丰富多彩，几乎包括了除正黄色、大红色以外的所有颜色，在肥大的碧叶映衬下，仿佛天然织就的一幅幅绿底繁花图。花期长，花似莲花，也称千日莲。

瓜叶菊的花语为喜悦、快活、快乐、合家欢喜、繁荣昌盛。适宜在春节期间送给亲友，以体现美好的心意。

用途 瓜叶菊可作花坛栽植或盆栽布置于庭廊过道，给人以清新宜人的感觉。花色丰富鲜艳，特别是蓝色花，闪着天鹅绒般的光泽，幽雅动人。其开花整齐，花形丰满，可陈设室内矮几架上，也可用多盆成行组成图案布置宾馆内庭或会场、剧院前庭，花团锦族，喜气洋洋。

繁殖及栽培管理 以播种为主，也可采用扦插或分株法繁殖。重瓣品种以扦插为主。

瓜叶菊为植物园春季花坛、花境草花。始花期4月中旬，通常单盆观赏可达40余天。

蜂斗菜
Petasites japonica

科　属　菊科蜂斗菜属
英文名　Butterbur, Fuki, Sweet Coltsfoot
别　名　蜂斗叶、蛇头草、水钟流头、南瓜三七、野金瓜头

分布浙江、江西、安徽、福建、四川、湖北、陕西等省，朝鲜、日本也有。生于向阳山坡林下，溪谷旁潮湿草丛中。

形态特征 多年生草本，株高达60cm。根茎短粗，周围抽生横走的分枝。叶基生，心形或肾形，于花后出现，长2.8～8.6cm，宽12～15cm，下面灰绿色，有蛛丝状毛，边缘有重复锯齿；叶柄长达23cm，初时表面有毛。花雌雄异株；花茎从根茎部抽出，茎上互生鳞片状大苞片，有平形脉；头状花序排列成伞房状；雌花白色，雄花黄白

色，均有冠毛。

属名来源于希腊语Petasos，指帽子的宽边或遮阳处，用来表示本属某些种所具有的大叶子。蜂斗菜的叶子就十分大。

用途 以全草或根状茎入药，可消肿，解毒，散淤。用于蛇毒咬伤，痈疖肿毒，跌打损伤。日本作蔬菜栽培，以食用其嫩叶柄。

繁殖及栽培管理 播种或分株繁殖，栽培容易。

蜂斗菜栽植于植物园宿根园。花期3月中旬至下旬。

植物园还有紫蜂斗菜，为宿根花卉，栽植于绚秋苑，是优美的早春花卉，宜于林缘、林荫下、灌丛下、草地中。花期3月中旬。

紫蜂斗菜

桃叶鸭葱
Scorzonera sinensis

科　属　菊科鸭葱属

英文名　Chinese Serpentroot

　　分布于东北、华北等省区。生于山坡、丘陵地、沙丘、荒地和灌木林下，海拔280～2500m。北京地区野外常见。

　　形态特征　多年生草本，具乳汁；根粗壮，基部具纤维状根衣。茎簇生或单生，光滑无毛。叶全缘，边缘深皱状弯曲。头状花序单生茎顶，总苞筒形，约5层，外层三角形或偏斜三角形，中层长披针形，内层长椭圆状披针形；全部总苞片外面光滑无毛。花全为舌状花，黄色，外面玫瑰色。瘦果圆柱形，冠毛羽毛状。

　　用途　根入药。

　　桃叶鸭葱为植物园野生地被。花期4月中旬至5月上旬。

万寿菊
Tagetes erecta

科　属	菊科万寿菊属
英文名	African Marigold, Aztec Marigold, Big Marigold
别　名	臭芙蓉

原产墨西哥及中美洲地区，现广泛栽培。喜温暖、阳光充足的环境，耐寒，耐干旱，在多湿、酷暑下生长不良。对土壤要求不严，以疏松肥沃、排水良好的土壤为好。

形态特征　1年生草本，株高60～100cm。茎粗壮，绿色，直立。叶对生或互生，羽状全裂，裂片披针形或长椭圆形，具锯齿，叶缘背面有油腺点，有强臭味。头状花序单生，花径可达10cm，黄色或橘黄色，舌状花有长爪，边缘皱曲；花序梗顶端棒状膨大。

万寿菊花瓣可吃，含有丰富的胡萝卜素、维生素C、维生素P、维生素E。苏联高加索地区是世界长寿之乡，而万寿菊是当地居民不可缺少的菜肴作料。煮羊汤、烧鱼，是必备的配菜。人们评定菜肴的好坏，以万寿菊作为标准，一道菜个加进相当数量的万寿菊，不变成深棕色，就不算上等菜。

用途　庭院栽培观赏，或布置花坛、花境，也可用于切花。花、叶可入药；花可作为食品添加剂的生产原料。

繁殖及栽培管理　播种繁殖。种子宜从秋末开花结实的植株上采收。

万寿菊为植物园春季花坛、花境草花。始花期4月下旬，可持续数月。

菊科几个常见种的区别

种	形	花
雏　菊	叶丛生呈莲座状，全缘，匙状至倒卵状	花葶较短，花白、粉、红色，花径小
金盏菊	叶互生，全缘，长圆卵形，基部抱茎	舌状花黄色或橘红色
天人菊	叶互生，矩圆形、披针形至匙形	舌状花黄色或红色，末端黄色或紫色；管状花紫色或黄色
勋章菊	叶丛生呈莲座状，条状线形，叶缘有细锯齿	花瓣基部有黑色或褐色斑纹，花色较多
万寿菊	叶对生或互生，羽状全裂，裂片披针形或长椭圆形，叶缘有锯齿和油腺点	花黄色或橙黄色

孔雀草
Tagetes patula

科　属　菊科万寿菊属
英文名　French Marigold
别　名　小万寿菊、红黄草、小芙蓉花

原产墨西哥。喜阳光，在半阴处栽植也能开花。耐旱，对土壤要求不严。

形态特征　1年生草本，高30~40cm。叶对生，羽状分裂，裂片披针形，叶缘有明显的油腺点。花梗自叶腋抽出，头状花序单生，舌状花为金黄色，带有红色斑，故又名红黄草。栽培品种有单瓣、半重瓣或重瓣之分；花色有红褐、黄褐、淡黄、纯黄、橙、杂紫红色斑点等变化。

孔雀草花形与万寿菊相似，但与万寿菊相比，植株较矮小，花瓣层数较少，外层花瓣较平，有些品种有红色斑块。开花时，黄橙色的花朵布满梢头，显得绚丽可爱。孔雀草是阿拉伯联合酋长国的国花。

用途　有很好的观赏价值，最宜作花坛边缘材料或花丛、花境等栽植，也可盆栽和作切花。还有药用和保健作用。花、叶可入药，有清热化痰、补血通经的功效。能治疗百日咳、气管炎、感冒。俄罗斯高加索地区居民常食用孔雀草，有延年益寿之效。

繁殖及栽培管理　播种繁殖。既耐移栽，又生长迅速，栽培管理又很容易。撒落在地上的种子在合适的温、湿度条件中可自生自长，是一种适应性十分强的花卉。

孔雀草为植物园春季花坛、花境草花。始花期5月上旬，可延续至十一。

蒲公英
Taraxacum mongolicum

科　属　菊科蒲公英属
英文名　Dandelion，Mongolian Dandelion
别　名　尿床草、羊奶奶草、金簪草、婆婆丁、鬼灯笼

　　原产中国、日本、俄罗斯。在中国分布几遍全国，北京平原、山区皆有，是田间、沟谷、山坡、草地、公园习生的一种杂草。

　　形态特征　多年生草本，全株有白色乳汁。叶基生，排成莲座状，狭倒披针形，边缘的锯齿逆向羽状裂，有时裂片不明显。头状花序单一，顶生，长约3.5cm；总苞片草质，绿色，部分淡红色或紫红色；舌状花鲜黄色，先端平截，5齿裂。

　　每当初春来临，蒲公英抽出花茎，在碧绿丛中绽开朵朵黄色的小花。花开过后，种子上的白色冠毛结为一个个绒球，随风摇曳。种子成熟后，像把把小小的降落伞，随风飘到新的地方安家落户，孕育新的花朵。

　　传说古代洛阳城有一位叫"公英"的少女患乳痈，疼痛难忍，多方求治不果。幸遇一位姓蒲的青年用一种野草捣烂给她敷治，几次下来居然治好了。后来二人结为夫妻，将此救命之草，取名为蒲公英。蒲公英有着充满朝气的黄色花朵，其花语为停不了的爱。

　　用途　早春的嫩蒲公英是一种蔬菜中传统的野菜，可生吃、炒食、做汤、炝拌，风味独特。欧洲人在中世纪时就已经用蒲公英花来酿酒。蒲公英叶子含有很多维生素A和维生素C。蒲公英是一种中草药，《本草纲目》记载："蒲公英主治妇人乳痈肿，水煮汁饮及封之立消。解食毒，散滞气，清热毒，化食毒，消恶肿、结核、疔肿。"蒲公英根也是一种草药，在加拿大被正式注册为利尿、解水肿的草药。

　　蒲公英为植物园野生地被。始花期3月下旬，可延续至秋季。

圆叶肿柄菊
Tithonia rotundiifolia

科 属	菊科肿柄菊属
英文名	Mexican Sunflower, Yucatan Tithonia
别 名	墨西哥向日葵

原产墨西哥。我国云南、广东、海南、福建、广西有栽培或逸生。喜高温与阳光充足环境，不耐霜冻，适应性强，耐干旱和瘠薄。

形态特征 1年生草本。茎直立粗壮，高可达1.5m，有分枝，密被短柔毛。叶大而柔软，叶片卵圆形至三角状卵圆形，不裂至3裂，叶脉上有毛。头状花序顶生，直径7.5cm，有粗壮长棒槌状的花序梗，异型，外围有雌性小花，中央有多数结实的两性花；舌状雌花橙红色。

用途 叶入药，清热解毒。用于急性胃肠炎，疮疡肿毒。

繁殖及栽培管理 种子繁殖。

圆叶肿柄菊为植物园春季花坛、花境草花。始花期4月下旬，可持续至8月。

紫露草
Tradescantia × andersoniana

科　属	鸭跖草科紫露草属
英文名	Wandering Jew，Spiderwort
别　名	美洲鸭跖草、紫叶草

原种多产北美，多种源的复合杂种群，我国普遍有栽培。喜日照充足，但也能耐半阴。生性强健，耐寒，在华北地区可露地越冬。对土壤要求不严。

形态特征　多年生宿根草本，高30～50cm。茎直立，圆柱形，光滑；叶广线形，苍绿色，稍被白粉，多弯曲，叶面内折，基部鞘状。花鲜玫红、白、粉白、蓝、紫、红紫等色，多朵簇生枝顶，外被2枚长短不等的苞片，径约2～3cm，萼片3，绿色，雄蕊6，花丝毛念珠状。

用途　用于花坛、道路两侧丛植效果较好，也可盆栽供室内摆设，或作垂吊式栽培。

繁殖及栽培管理　繁殖多采用分株法，于春秋进行，利用茎扦插也可成活，应置于荫棚下养护。病虫害较少。

紫露草为植物园春季花坛、花境草花。始花期4月下旬，可持续至7月。单花开放只有1天时间。

紫露草

大花葱（'地球主人'）
Allium 'Globe Master'

科　属　百合科葱属

原种产喜马拉雅、中亚一带。喜凉爽、阳光充足的环境。要求疏松肥沃的沙质壤土，忌积水，适合我国北方地区栽培。

形态特征　多年生球根花卉。叶灰绿色，长可达60cm。叶片出土后35～45天，花葶从叶丛中抽出，花梗高达120cm，小花多达2000～3000朵，密集成球状大伞形花序，直径10～15cm，花色有红、桃红、紫红、淡紫色。'地球主人'与大花葱（原种）的区别：总花球上小花较稀疏，小花花被片先端较尖；开花期碧绿叶丛能更好地维持鲜明的绿色，而原种在开花期叶片1/2以上已枯黄。

大花葱别名硕葱、高葱、绣球葱。花语为青春长驻、聪慧过人。同属植物约有450种，多有辛辣味，生活中用作蔬菜食用的葱、洋葱、蒜、韭菜等就是本属植物。大花葱主要用于观赏，其花序比食用葱大很多。

用途　大花葱花色艳丽，花形奇特，主要用作切花。因管理简便，少病虫害，是花径、岩石园或草坪旁装饰和美化的良好品种。

繁殖及栽培管理　常用种子和分栽鳞茎繁殖，春季分栽小鳞茎。生长期及时松土浇水，每2～3周施肥1次。鳞茎在排水不良的情况下易腐烂，应挖起鳞茎放室内通风处保存。

大花葱栽植于植物园杨树林。开花所需温度为15～25℃。花期4月下旬至5月中旬。

雪光花
Chionodoxa forbesii

科　属　百合科雪光花属
英文名　Glory-of-the-snow
别　名　粉光花、雪宝花、雪之华、雪百合、雪花百合

　　原产西南亚、克里特和塞浦路斯。喜阳光充足，稍耐阴，耐寒性极强，可耐−15℃低温。喜弱酸性至中性、排水良好的土壤。

　　形态特征　多年生小球茎植物，株高10～20cm，冠幅5cm。叶2片，稍弯曲，深绿色，线形。花茎无叶，花1～3朵早上开放，花瓣6，淡蓝色，具白色眼斑，花径2.5～5cm。

　　用途　雪光花是非常美丽的小型球茎花卉，宜植于林缘、灌木下，以及草地上，这样能增添草地的自然景致。当地居民种植用来收获它早期开的蓝色花。

　　繁殖及栽培管理　非常容易栽培。室内盆栽后需放在冰箱冷藏室（0～5℃）2～4个月，取出后栽培可正常开花。生长期保持盆土湿润，休眠期要干燥以避免球茎腐烂。

　　雪光花栽植于植物园杨树区。花期4月上旬。

花贝母
Fritillaria imperalis

科 属 百合科贝母属
英文名 Crown Imperial Fritillary
别 名 皇冠贝母、冠花贝母、璎珞百合

原种产喜马拉雅至土耳其东南部；摩洛哥、伊朗、阿富汗、巴基斯坦等地也有分布。喜阳光充足或略耐阴，耐寒，喜凉爽潮润气候。要求土层深厚肥沃而又排水良好的沙质壤土。自然生长在海拔1000～3000m多砾石坡地或悬崖上及灌丛旁。

形态特征 多年生球根花卉，鳞茎甚大。茎高达1m以上，带紫斑点。叶片多数，散生或3～4枚轮状丛生，波状披针形。伞形花序腋生，花冠钟形，下垂，生于叶状苞片群下，花被片长约6cm，黄色至深红色，基部常呈褐色并具有白色大型蜜腺。

此种栽培历史悠久，自16世纪逐渐在荷兰、英格兰开始栽培，培育品种很多。贝母属近百种植物在我国多数作为药材栽培。但在世界范围内，作为观赏花卉栽培的物种中，花贝母是其中最著名的种类之一。

用途 可植于疏林坡地、花坛、花境、草坪中，亦可作切花，矮生品种则适合盆栽，观赏性极强。

繁殖及栽培管理 多用分栽小鳞茎或扦插鳞片繁殖。

花贝母栽植于植物园杨树区。花期4月中旬至5月上旬。

风信子
Hyacinthus orientalis

科　属	百合科风信子属
英文名	Common Hyacinth
别　名	洋水仙、五色水仙

　　原种产希腊、叙利亚、亚洲西部。喜冬暖夏凉、阳光充足或半阴的环境。较耐寒。宜富含腐殖质、肥沃、排水良好的沙壤土，忌过湿或黏重的土壤。

　　形态特征　　多年生草本。鳞茎球形，皮膜色常与花色相关。叶4～8枚，带状披针形，肉质，上有凹沟，绿色有光泽。总状花序顶生，高15～35cm；有小钟状花10至数十朵，基部筒状，上部4裂，反卷，漏斗形；花有白、粉、黄、紫、红、蓝等色，芳香。栽培品种很多，有重瓣、大花、早花和多倍体等品种。

　　风信子学名得自希腊神话中受太阳神阿波罗宠眷、并被其所掷铁饼误伤而死的美少年雅辛托斯（Hyacinthus）。风信子的花语和象征代表意义：只要点燃生命之火，便可同享丰富人生。6种以上不同花色的风信子搭配在一起送给异性朋友，表示"和你在一起，生命显得更缤纷"。

　　用途　　风信子植株低矮整齐，花序端庄，花姿美丽，色彩绚烂，在光洁鲜嫩的绿叶衬托下，恬静典雅，是早春开花的著名球根花卉之一，也是重要的盆花种类。适于布置花坛、花境和花槽，也可作切花、盆栽或水养观赏。花除供观赏外，还可提取芳香油。

　　繁殖及栽培管理　　以分球繁殖为主，也可用鳞茎繁殖。种子繁殖，秋播，翌年2月发芽，实生苗培养4～5年后开花。

　　风信子栽植于植物园杨树区，为世界名花展的主要观赏花卉之一。花期4月下旬至5月上旬。

葡萄风信子
Muscari botryoides

科　属	百合科葡萄风信子属
英文名	Botryoidal Grape Hyacinth
别　名	蓝壶花、葡萄百合、串铃花、葡萄麝香兰

原产欧洲中部的法国、德国及波兰南部。性喜温暖、凉爽气候。喜光亦耐半阴，较耐寒。喜疏松肥沃、排水良好的沙质壤土。

形态特征　多年生草本植物，株高15～30cm；地下鳞茎卵球形。叶基生，线状披针形，边缘常向内卷，长约20cm，宽0.6cm左右。花葶高15～25cm，顶端簇生12～20朵小坛状花，整个花序犹如蓝紫色的葡萄串，秀丽高雅。花色蓝紫，有白、粉红等色变种。

蓝紫色球状小花密生于花茎上部，犹如一串串紫葡萄，玲珑可爱；小花的花被片联合成壶状，故有蓝壶花之称。葡萄风信子的花语为悲恋。

用途　葡萄风信子株丛低矮，蓝色小花集生成串，适宜和绵枣儿属及水仙属植物搭配，布置花坛、点缀岩石园；自然式种植在早春花灌木下或成丛点缀在草坪边缘；亦可盆栽作室内装饰，小巧别致。

繁殖及栽培管理　播种或分栽小鳞茎繁殖，分栽鳞茎可于夏季叶片枯萎后进行。本种适应性强，栽培管理容易。夏季休眠，冬季叶片常绿，抗寒性较强，在北京地区优良小环境中仅叶端枯黄。

葡萄风信子栽植于植物园东南门入口附近。花期4月中旬至下旬。

中国水仙
Narcissus tazetta var. *chinensis*

科　属	百合科水仙属
英文名	Chinese Narcissus, Chinese Sacred Lily
别　名	水仙、雅蒜、凌波仙子、天葱、女星

　　为中国水仙的一个变种，主要是从地中海区域传入我国的一种归化植物。主要分布于中国东南沿海温暖湿润地区，福建漳州及上海崇明岛最为有名。

　　形态特征　多年生球根花卉。地下鳞茎卵球形，叶从鳞茎顶部丛出，狭长，剑状，具平行脉，被有白粉。花茎从叶丛中抽出，中空成管状，高15～50cm或更高；伞房花序，着生于茎顶，外有苞状膜质紧覆着，花5～7朵，最多可达16朵；花冠中有一形如酒杯的黄色副冠，芳香。

　　中国水仙可分为单瓣花与复瓣花两种。单瓣花品种称为"金盏银台"、"百叶水仙"，花瓣为纯白色，但其中心托出一个金黄色杯状副冠，清奇美观，香味浓郁。复瓣花品种称为"玉玲珑"，香味稍逊于"金盏银台"。

　　水仙花在我国栽培历史悠久，为我国人民所喜爱。"叶丛生如带"，白花黄心，"花开雪中，香清而微"，"其花莹韵，其香清幽"。花时正值春节期间，以水盘盛之，置于案头窗台，格外高雅，更增添了节日气氛。

　　用途　可用于花坛，亦可盆栽或作切花用。鳞茎多液汁，有毒，外科用作镇痛剂；鳞茎捣烂治痈肿。

　　繁殖及栽培管理　繁殖方法为分栽子鳞茎、双鳞片扦插繁殖、组织培养。栽培有旱地栽培、水田栽培与无土栽培三种方法。

　　水仙栽植于植物园杨树林。花期4月上旬。

玉竹
Polygonatum odoratum

科　属　百合科黄精属
英文名　Fragrant Candypick, Angled Solomon's-Seal
别　名　尾参、铃铛菜、香花黄精

　　原产北半球温带，我国各地均产，以西南地区居多。欧洲及北温带其他地区也有分布。生于海拔200～2000m山地、山沟林下或石隙间。喜阴湿，耐寒。

　　形态特征　多年生草本。茎单一，高30～85cm，自一边倾斜，呈拱形，光滑无毛，具棱。叶互生，微革质，椭圆形至卵状矩圆形，叶脉隆起。花序腋生，长15～20cm，有花1～4朵，栽培的可多达8朵。花被白色或顶端黄绿色，合生成筒状。

　　玉竹有让人聪慧明智、调和血气运行、滋补强身的作用。传说名医华佗有一天上山采药，看到一位山人在吃玉竹，就自己也采来吃，吃后感觉很好，就把这个事告诉了徒弟樊阿。樊阿也采来吃，后来活到100岁。《三国志·樊阿传》记载了这段故事。

　　用途　玉竹茎叶挺拔，花钟形下垂，清雅可爱，是很好的耐阴地被材料，可片植于林下或穿插于灌木间，或用于花境。根茎可入药。

　　繁殖及栽培管理　以早春分株、分割根状茎，或秋季播种繁殖。忌连作。

　　玉竹栽植于植物园药草园。花期4月下旬。

郁金香
Tulipa spp.

科　属　百合科郁金香属
英文名　Tulip
别　名　洋荷花、旱荷花、草麝香

　　全属约150余种，多产于地中海沿岸、中亚、土耳其和我国；我国产约14种，主要分布在新疆。生长在夏季干热、冬季严寒环境中。耐寒性极强，冬季可耐−35℃低温。忌酷暑。

　　形态特征　多年生草本。叶3～5枚，披针形至长卵形，基生叶2～3枚，较宽大，茎生叶1～2枚。花葶长35～55cm；花单生，直立，长5～7.5cm；花瓣6片，倒卵形。花型有杯型、碗型、球型、钟型、漏斗型、百合花型等，有单瓣也有重瓣。花色有白、粉红、洋红、紫、褐、黄、橙等，深浅不一，单色或复色。

　　在古欧洲，有一个美丽的姑娘，同时受到3位英俊骑士的爱慕追求。一位送了她一顶耀眼迷人的皇冠；一位送她光彩夺目的宝剑；另一位送她一大把黄金。少女非常发愁，不知道应该如何选择，因为3位男士都如此优秀，只好向花神求助，花神于是把她化成郁金香，皇冠变为花蕾，宝剑变成叶子，黄金变成球根，就这样同时接受了3位骑士的爱情，而郁金香也成了爱的化身。由于皇冠代表无比尊贵的地位，而宝剑又是权力的象征，而拥有黄金就拥有财富，所以在古欧洲只有贵族名流才有资格种郁金香。

欧洲人看到郁金香那鲜艳的色彩、华贵幽雅的容貌，简直爱得发了狂。如痴如醉的有钱人，以拥有这种花的多少，作为自己财富的标志。19世纪中，法国著名作家大仲马，以荷兰资产阶级革命为背景，写了一部名为《黑色郁金香》的小说，把郁金香形容成"艳丽得令人睁不开眼睛，完美得令人透不过气来"，再度掀起了"郁金香热"。荷兰是世界上生产郁金香最多、最好的国家。

用途 郁金香花色繁多，色彩丰润艳丽，是重要的春季球根花卉，矮壮品种宜布置春季花坛，鲜艳夺目。高茎品种适用切花或配置花境，也可丛植于草坪边缘。

繁殖及栽培管理 常用分球繁殖，以分离小鳞茎法为主。若大量繁殖或育种时则可播种，一般露地秋播。

郁金香栽植于植物园杨树林，为世界名花展的主要观赏花卉之一。花期4月中旬至5月中旬。

现代园林中栽培的品种极多，根据花期早、中、晚，单、重瓣及杂交亲本种缘关系，花型等特性、特征分为4大类，15型：

1．早花类：①单瓣早花型；②重瓣早花型。

2．中花类：①达尔文杂种型；②胜利型。

3．晚花类：①单瓣晚花型；②百合花型；③花边型；④绿花型；⑤伦布朗型；⑥鹦鹉型；⑦重瓣晚花型。

4．野生种及其有显著野生性状的杂交种类：①考夫曼型；②福斯特型；③格里吉型；④其他原始种。

一般园林展示中以1、2、3类中①～④型的品种为主。

'天使'郁金香
Tulipa 'Angelique'

花玫瑰粉。花期晚，植株中等高度。

'杏色印象'郁金香
Tulipa 'Apricot Impression'

花杏红色。花期早，植株高。

'羞涩小姐'郁金香
Tulipa 'Blushing Lady'

花瓣带黄红晕。花期中，植株中等高度。

'圣诞梦'郁金香
Tulipa 'Christmas Dream'

花粉色。花期中，植株中等高度。

'王朝'郁金香
Tulipa 'Dynasty'

花瓣粉色，基部渐白。花期中，植株高。

'幸福一代'郁金香
Tulipa 'Happy Generation'

白瓣红斑。花期中，植株中等高度。

'牛津精华'郁金香
Tulipa 'Oxford's Elite'

花瓣黄晕边。花期中，植株高。

'粉钻石'郁金香
Tulipa 'Pink Diamond'

花淡粉色。花期晚，植株中等高度。

'漂亮女人'郁金香
Tulipa 'Pretty Woman'

　　花正红，尖瓣外翘。花期中，植株高。

'夜皇后'郁金香
Tulipa 'Queen of Night'

　　花瓣紫黑色，花期晚，植株高。

'雪莉'郁金香
Tulipa 'Shirley'

　　花瓣白色带紫边。花期中，植株中等高度。

'猩红天空'郁金香
Tulipa 'Sky High Scarlet'

'春绿'郁金香
Tulipa 'Springgreen'

花红色。花期晚，植株高。

白瓣中间绿。花期晚，植株中等高度。

'黄飞翔'郁金香
Tulipa 'Yellow Flight'

花黄色，花瓣三角形。花期晚，植株矮。

番红花属
Crocus

科　属　鸢尾科番红花属

英文名　Crocus

此属分布于地中海沿岸，并延伸至亚洲西南部。北京、上海、浙江等地有引种栽培。喜冷凉湿润和半阴环境。较耐寒，畏炎热，忌雨涝积水，宜排水良好、腐殖质丰富的沙壤土。

形态特征　多年生球茎花卉，此属植物约100种。叶线形，光滑。漏斗形花开放前裹在一个或两个半透明的佛焰苞内，3个雄蕊插入花管的喉部，短于花瓣，柱头3裂，花柱细长。花顶生，花被6片，倒卵形；花筒细管状。

番红花植株矮小，叶丛纤细，花朵娇柔幽雅，具特异芳香，是北京植物园早春地被第一花。花色极其丰富，有白、黄、橙、淡紫、紫等色。

番红花之名，始见于《品汇精要》。苏联作家叶赛宁在《番红花的国度里暮色苍茫》中写道："番红花的国度里暮色苍茫，田野上浮动着玫瑰的暗香。"

用途　早春庭园点缀花坛或边缘栽植的好材料。可按花色不同组成模纹花坛，也可三五成丛点缀岩石园或以自然式布置于草坪上，还可盆栽或水养以供室内观赏。花柱及柱头可入药，主治活血化淤，解郁安神。

繁殖及栽培管理　繁殖以分球为主，种子繁殖需栽培3～4年才能开花。番红花一旦种植后，尽可能不要去挪动，此后会一年比一年更漂亮。

番红花栽植于植物园科普馆北部。植物园有同属植物9种，其中有不同品种的番红花8种。花期3月上旬。

马 蔺
Iris lactea var. *chinensis*

科　属	鸢尾科鸢尾属
英文名	China White Jword-flag，Chinese Iris
别　名	马莲、马兰花、旱蒲、三坚

　　原产中国，中亚细亚、朝鲜亦有野生分布。抗逆性强，不仅抗旱，抗寒，抗盐碱，耐践踏，而且具有极强的抗病虫害能力，是盐化草甸的建群种。生于林缘及路旁草地、山坡灌丛、河边及海滨沙地。

　　形态特征　多年生草本。叶基生，多数，坚韧，条形，灰绿色，渐尖，两面具稍突起的平行脉。花葶光滑，与叶近等高；苞片3～5枚，狭披针形，革质，内含花2～4朵；花浅蓝、蓝或蓝紫色，也有近灰白色者，花被上有较深的条纹。花被片6，2轮排列，外轮3裂片匙形，稍开展，爪部楔形，内轮3裂片较狭，直立，爪部狭楔形。

　　马蔺色泽青绿，3月底返青，4月下旬始花，5月中旬至5月底进入盛花期，6月中旬终花，11月上旬枯黄，在北方地区绿期长达280天以上。马蔺兰紫色的花淡雅美丽，密而清香，花期长达50天，还可作为切花材料。马蔺根系发达，入土深度可达1m以上，须根稠密而发达，呈伞状分布，这不仅是它极强的抗性和适应性的有力保证，也使其具有很强的缚土保水能力。

　　自古以来马蔺就被我国劳动人民广为种植，在屈原的《离骚》、李时珍的《本草纲目》等中都有对马蔺的记载，作为优良的水土保持，放牧、观赏和药用植物在历史和自然中都占有一席之地。

　　用途　马蔺是改良盐碱地和荒漠化治理的生态植被、护坡和园林绿化地被植物。全株入药，有清热、止血、解毒的作用。

　　繁殖及栽培管理　播种、分株繁殖，播种繁殖在春、夏和秋季均可进行，适应性强，能自播繁殖。马蔺耐践踏，经历践踏后无须培育即可自我恢复。马蔺生命力强，基本不需要日常养护。

　　马蔺为宿根花卉，栽植于梅园、曹雪芹纪念馆、月季园等处。始花期4月下旬，可开至6月。

有髯鸢尾
Iris cvs.

科　属　鸢尾科鸢尾属

英文名　Bearded Iris

此属约有300种。广泛分布于北温带。

形态特征　多年生草本。花朵垂瓣的颈部具有髯毛，花色相当丰富，除绿色及深红色外，观赏价值高。茎一般为75～120cm，具花2～3朵，垂瓣长约7.5cm，倒卵形，花色白经雪青，玫红至紫红，或由淡黄经黄、橙至褐红，或由淡蓝经蓝至深紫黑，并有边缘有异色之花边、垂瓣旗瓣异色之双色等。

鸢尾因花瓣形如鸢鸟尾巴而称之，其属名"*Iris*"为希腊语"彩虹"之意，喻指花色丰富。一般花卉业者及插花人士，即以其属名的音译，俗称为"爱丽丝"。爱丽丝在希腊神话中是彩虹女神，她是众神与凡间的使者，主要任务在于将善良人死后的灵魂，经由天地间的彩虹桥携回天国。至今，希腊人常在墓地种植此花，就是希望人死后的灵魂能托付爱丽丝带回天国，这也是花语爱的使者的由来。

鸢尾在古埃及代表了"力量"与"雄辩"。以色列人则普遍认为黄色鸢尾是"黄金"的象征，故有在墓地种植鸢尾的风俗，即盼望能为来世带来财富。莫奈在吉维尼的花园中也植有鸢尾，并以它为主题，在画布上留下充满自然生机的鸢尾花景象。

用途　有髯鸢尾叶片交互套叠，葱翠茁壮，花姿奇特，如鸢翻飞，是庭园中的重要花卉之一，也是优美的盆花、切花和花坛用花。

繁殖及栽培管理　多采用分株、播种繁殖。分株繁殖通常2～4年进行1次，秋季或春季花后均可进行。宜浅植。

有髯鸢尾栽植于木兰园、宿根园、梅园等处。花期4月下旬至5月上旬。

有髯鸢尾

中文名索引（按汉语拼音顺序）

A

矮牵牛	194

B

白车轴草	159
白晶菊	260
白鹃梅	84
白屈菜	25
白头翁	18
斑叶稠李	103
斑种草	197
板蓝根	63
报春刺玫	145
抱茎苦荬菜	267
冰岛罂粟	27
播娘蒿	62

C

糙叶黄芪	154
侧金盏花	14
梣叶槭	178
茶条槭	177
长寿花	71
朝天委陵菜	95
朝鲜小檗	21
翅果油树	161
雏菊	254
川垂丁香	221
川滇角蒿	232
垂丝海棠	87
刺儿菜	261
刺槐	158
葱皮忍冬	236
粗榧	1

D

鞑靼槭	182
打碗花	195
大花葱	279
大花飞燕草	16
大花溲疏	69
大花野豌豆	159
大蓟	261
大山樱	136
灯台树	165
地丁草	26
地黄	229
棣棠	86
点地梅	68
钓钟柳	228
东北扁核木	96
东方铁筷子	17
东方罂粟	28
豆梨	143

E

鹅肠菜	35
鹅掌楸	2
二乔玉兰	6
二月兰	65

F

番红花属	291
粉花绣线菊	149
风信子	282
蜂斗菜	271
福寿花	13
附地菜	199

G

枸桔	185
枸杞	191
古代稀	163
瓜叶菊	270
关东巧玲花	214
鬼针草	255
桂竹香	62

H

海仙花	249
葓菜	65
旱金莲	189
豪猪刺	21
荷包牡丹	30
何氏凤仙	190
黑果腺肋花楸	74
红丁香	215
红枫杜鹃	67
红果腺肋花楸	73
红蕾荚蒾	240
红瑞木	164
猴面花	226
蝴蝶荚蒾	246
花贝母	281
花环菊	258
花菱草	26
花毛茛	19
花烟草	193
花叶丁香	219
皇帝菊	268
黄刺玫	147
黄花木	157
黄金菊	259

黄晶菊 259
黄栌 184
黄蔷薇 144
活血丹 201

J
鸡麻 144
鸡树条荚蒾 247
鸡爪槭 180
假酸浆 192
胶州卫矛 168
角堇 56
接骨木 239
金鸡菊 262
金银木 238
金鱼草 222
金盏菊 255
锦带花 249
锦鸡儿 154
京大戟 170
荆芥 202
巨紫荆 153

K
孔雀草 274
苦菜 267
阔叶十大功劳 24

L
蜡梅 12
兰考泡桐 227
蓝雏菊 264
蓝花鼠尾草 203
蓝蓟 198
蓝叶忍冬 237
梨 142

连翘 207
辽梅山杏 138
领春木 32
流苏树 206
绿肉山楂 81
罗布木兰 5

M
马蔺 292
马络葵 54
蚂蚱腿子 269
麦秆菊 266
麦李 101
猫眼草 170
毛地黄 223
毛茛 20
毛果绣线菊 150
毛樱桃 139
玫瑰 146
梅花 104
美女樱 200
米口袋 156
绵毛荚蒾 241
摩洛哥柳穿鱼 225
牡丹 38
木本绣球 243
木瓜 78
木姜子 11

N
南非牛舌草 196
南非万寿菊 270
糯米条叶 205

O
欧丁香 216
欧洲荚蒾 245
欧洲甜樱桃 98

P
枇杷叶荚蒾 247
平枝栒子 79
苹果 94
婆婆纳 230
葡萄风信子 283
蒲公英 275
普港丁香 220

Q
七叶树 174
琼花 244
秋胡颓子 162
楸树 231
瞿麦 34
屈曲花 63

R
日本七叶树 175
绒毛绣线菊 148

S
三裂绣线菊 151
三色堇 57
山白树 31
山胡椒 10
山荆子 87
山桃 100
山杏 138
山楂 83
山茱萸 167

芍药	36	西府海棠	89	虞美人	29
蛇莓	84	西蜀丁香	212	羽扇豆	157
省沽油	171	细柄械	177	玉兰	3
薹草	252	细裂械	181	玉竹	285
什锦丁香	218	狭叶山胡椒	10	郁金香	285
石竹	33	夏至草	201	郁李	102
矢车菊	256	香茶藨子	70	郁香忍冬	236
鼠掌老鹳草	187	香荚蒾	241	元宝枫	182
树状荚蒾	242	小檗	23	圆叶肿柄菊	276
栓翅卫矛	169	小叶巧玲花	214		
栓皮械	176	小叶杨	60	**Z**	
水枸子	80	笑靥花	149	杂种耧斗菜	15
水杨梅	85	星花玉兰	8	早锦带花	251
丝绵木	168	杏	97	珍珠花	150
四季秋海棠	59	匈牙利丁香	210	中国水仙	284
四照花	166	绣球绣线菊	148	中国勿忘我	197
		须苞石竹	33	紫斑风铃草	233
T		雪光花	280	紫丁香	212
唐棣	72	雪柳	207	紫果腺肋花楸	75
桃花	120	勋章菊	265	紫花地丁	55
桃叶鸭葱	272			紫荆	152
天人菊	264			紫露草	277
天竺葵	187	**Y**		紫罗兰	64
贴梗海棠	76	洋金花	191	紫藤	160
通泉草	225	一串红	204	紫叶矮樱	142
		异果菊	263	紫叶稠李	141
W		银苞菊	253	紫叶李	99
万寿菊	273	银后械	180	紫玉兰	5
望春玉兰	3	银芽柳	61		
猬实	234	樱花	137		
文冠果	172	樱桃	135		
倭海棠	75	迎春花	209		
武当木兰	8	迎红杜鹃	66		
		有髯鸢尾	293		
X		鱼鳔槐	155		
西藏木瓜	79	榆橘	186		
		榆叶梅	140		

拉丁学名索引

A

Abeliophyllum distichum 205

Acer campestre 176

Acer capillipes 177

Acer ginnala 177

Acer negundo 178

Acer palmatum 180

Acer saccharinum 'Silver Queen' 180

Acer stenolobum 181

Acer tataricum 182

Acer truncatum 182

Achillea millefolium 252

Adonis aestivalis 13

Adonis amurensis 14

Aesculus chinensis 174

Aesculus turbinata 175

Allium 'Globe Master' 279

Amelanchier sinica 72

Ammobium alatum 253

Anchusa capensis 196

Androsace umbellata 68

Antirrhinum majus 222

Aquilegia hybrida 15

Aronia arbutifolia 73

Aronia melanocenpa 74

Aronia prunifolia 75

Astragalus scaberrimus 154

B

Begonia × semperflorens 59

Bellis perennis 254

Berberis julianae 21

Berberis koreana 21

Berberis thunbergii 23

Bidens bipinnata 255

Bothriospermum chinense 197

C

Calendula officinalis 255

Calystegia hederacea 195

Campanula punctata 233

Caragana sinica 154

Catalpa bungei 231

Centaurea cyanus 256

Cephalotaxus sinensis 1

Cercis chinensis 152

Cercis gigantean 153

Chaenomeles japonica 75

Chaenomeles sinensis 78

Chaenomeles speciosa 76

Chaenomeles thibetica 79

Cheiranthus cheiri 62

Chelidonium majus 25

Chimonanthus praecox 12

Chionanthus retusus 206

Chionodoxa forbesii 280

Chrysanthemum carinatum 258

Chrysanthemum frutescens 259

Chrysanthemum multicaule 259

Chrysanthemum paludosum 260

Cirsium japonicum 261

Cirsium setosum 261

Colutea arborescens 155

Coreopsis grandiflora 262

Cornus alba 164

Cornus controversa 165

Cornus officinalis 167

Corydalis bungeana 26

Cotinus coggygria var. cinerea 184

Cotoneaster horizontalis 79

Cotoneaster multiflorus 80

Crataegus chlorosarca 81

Crataegus pinnatifida 83

Crocus 291

Cronus kousa var. chinensis 166

Cynoglossum amabile   197

D

Datura metel   191

Delphinium grandiflorum   16

Descurainis sophia   62

Deutzia grandiflora   69

Dianthus barbatus   33

Dianthus chinensis   33

Dianthus superbus   34

Dicentra spectabilis   30

Digitalis purpurea   223

Dimorphotheca sinuata   263

Duchesnea indica   84

E

Echium vulgare   198

Elaeagnus mollis   161

Elaeagnus umbellata   162

Eschscholtzia californica   26

Euonymus bungeanus   168

Euonymus kiautschovicus   168

Euonymus phellomanus   169

Euphorbia lunulata   170

Euphorbia pekinensis   170

Euptelea pleiospermum   32

Exochorda racemosa   84

F

Felicia heterophylla   264

Fontanesia fortunei   207

Forsythia suspensa   207

Fritillaria imperialis   281

G

Gaillardia pulchella   264

Gazania rigens   265

Geranium sibiricum   187

Geum aleppicum   85

Glechoma longituba   201

Godetia amoena   163

Gueldenstaedtia multiflora   156

H

Helichrysum bracteatum   266

Helleborus orientalis   17

Hyacinthus orientalis   282

I

Iberis amara   63

Impatiens hybrids   190

Incarvillea mairei   232

Iris cvs.   293

Iris lactea var. *chinensis*   292

Isatis indigotica   63

Ixeris chinensis   267

Ixeris sonchifolia   267

J

Jasminum nudiflorum   209

K

Kalanchoe blossfeldiana   71

Kerria japonica   86

Kolkwitzia amabilis   234

L

Lagopsis supina   201

Linaria macroccana   225

Lindera angustifolia   10

Lindera glauca   10

Liriodendron chinense   2

Litsea pungens   11

Lonicera ferdinandii   236

Lonicera fragrantissima   236

Lonicera korolkowii   237

Lonicera maackii   238

Lupinus polyphyllus   157

Lycium chinense   191

M

Magnolia × soulangeana	6
Magnolia biondii	3
Magnolia denudata	3
Magnolia liliflora	5
Magnolia loebneri	5
Magnolia sprengeri	8
Magnolia stellata	8
Mahonia bealei	24
Malope trifida	54
Malus baccata	87
Malus halliana	87
Malus micromalus	89
Malus pumila	94
Matthiola incana	64
Mazus japonicus	225
Melampodium paludosum	268
Mimulus luteus	226
Muscari botryoides	283
Myosoton aquaticum	35
Myripnois dioica	269

N

Narcissus tazetta var. chinensis	284
Nepeta cataria	202
Nicandra physaloides	192
Nicotiana alata	193

O

Orychophragmus violaceus	65
Osteospermum ecklonis	270

P

Paeonia lactiflora	36
Paeonia suffruticosa	38
Papaver nudicaule	27
Papaver orientale	28
Papaver rhoeas	29
Paulownia elongata	227
Pelargonium × hortorum	187
Penstemon Hybrid cvs.	228
Pericallis × hybrida	270
Petasites japonica	271
Petunia × hybrida	194
Piptanthus concolor	157
Polygonatum odoratum	285
Poncirus trifoliata	185
Populus simonii	60
Potentilla supina	95
Prinsepia sinensis	96
Prunus armeniaca	97
Prunus avium	98
Prunus cerasifera 'Pissardii'	99
Prunus davidiana	100
Prunus glandulosa	101

Prunus japonica	102
Prunus maackii	103
Prunus mume	104
Prunus persica	120
Prunus pseudocerasus	135
Prunus sargentii	136
Prunus serrulata	137
Prunus sibirica	138
Prunus sibirica var. pleniflora	138
Prunus tomentosa	139
Prunus triloba	140
Prunus virginiana	141
Prunus × cistena	142
Ptelea trifoliata	186
Pulsatilla chinensis	18
Pyrus bretschneideri	142
Pyrus calleryana	143

R

Ranunculus asiaticus	19
Ranunculus japonicus	20
Rehmannia glutinosa	229
Rhododendron mucronulatum	66
Rhododenron molle × Rhododendron schlippenbachii	67
Rhodotypos scandens	144
Ribes odoratum	70

Robinia pseudoacacia 158

Rorippa indica 65

Rosa hugonis 144

Rosa primula 145

Rosa rugosa 146

Rosa xanthina 147

S

Salix leucopithecia 61

Salvia farinacea 203

Salvia splendens 204

Sambucus willamsii 239

Scorzonera sinensis 272

Sinowilsonia henryi 31

Spiraea blumei 148

Spiraea dasyantha 148

Spiraea japonica 149

Spiraea prunifolia 149

Spiraea thunbergii 150

Spiraea trichocarpa 150

Spiraea trilobata 151

Staphylea bumalda 171

Syringa josikaea 210

Syringa komarowii 212

Syringa oblata 212

Syringa pubescens subsp.

microphylla 214

Syringa pubescens subsp. patula 214

Syringa villosa 215

Syringa vulgaris 216

Syringa × chinensis 218

Syringa × persica 219

Syringa × prestoniae 220

Syringa × swegiflexa 221

T

Tagetes erecta 273

Tagetes patula 274

Taraxacum mongolicum 275

Tithonia rotundiifolia 276

Tradescantia × andersoniana 277

Trifolium repens 159

Trigonotis peduncularis 199

Tropaeolum majus 189

Tulipa spp. 285

V

Verbena × hybrida 200

Veronica didyma 230

Viburnum carlesii 240

Viburnum farreri 241

Viburnum lantana 241

Viburnum lentago 242

Viburnum macrocephalum 243

Viburnum macrocephalum f. keteleeri 244

Viburnum opulus 245

Viburnum plicatum f. tomentosum 246

Viburnum rhytidophyllum 247

Viburnum sargentii 247

Vicia bungei 159

Viola chinensis 55

Viola cornuta 56

Viola tricolor 57

W

Weigela coraeensis 249

Weigela florida 249

Weigela praecox 251

Wisteria sinensis 160

X

Xanthoceras sorbifolia 172

参考文献

1　（英）珍尼·亨迪著，　陈少风译．庭园调色板——景观植物色彩搭配[M]．南昌：江西科技出版社，2000

2　北京林业大学园林系花卉教研组．花卉学[M]．北京：中国林业出版社，1990

3　藏淑英，崔洪霞．丁香花（中国名花丛书）[M]．上海：上海科学技术出版社，2000

4　陈进勇，张佐双，洪德元．木犀科丁香属的一个新等级和六个名称的模式指定[J]．植物分类学报，2007，45(6)：857～861

5　陈俊愉．中国花卉品种分类学[M]．北京：中国林业出版社，2001

6　陈俊愉，程绪珂．中国花经[M]．上海：上海文化出版社，1990

7　陈俊愉．中国梅花品种图志[M]．北京：中国林业出版社，1989

8　陈有民．园林树木学（修订版）[M]．北京：中国林业出版社，2007

9　邓莉兰．常见树木②南方[M]．北京：中国林业出版社，2007

10　董保华等．汉拉英花卉及观赏树木名称[M]．北京：中国农业出版社，1996

11　费砚良，张金政．宿根花卉[M]．北京：中国林业出版社，1999

12　高世良．百花百话[M]．天津：百花文艺出版社，2007

13　何济钦，唐振缅等．园林花卉900种[M]．北京：中国建筑工业出版社，2006

14　呼智陶，崔纪如，姚利．北京园林植物识别[M]．北京：北京农业大学出版社，1993

15　黄亦工，董丽．新优宿根花卉[M]．北京：中国建筑工业出版社，2007

16　金波．花卉资源原色图谱[M]．北京：中国农业出版社，1999

17　金春星．中国树木学名诠释[M]．北京：中国林业出版社，1989

18　李景侠，康永祥．观赏植物学[M]．北京：中国林业出版社，2005

19　李祖清主编．花卉园艺手册[M]．成都：四川科技出版社，2003

20　林萍．观赏花卉①草本[M]．北京：中国林业出版社，2007

21　刘全儒，王辰．常见植物野外识别手册[M]．重庆：重庆大学出版社，2007

22　汪劲武．常见野花[M]．北京：中国林业出版社，2004

23　汪劲武．常见树木①北方[M]．北京：中国林业出版社，2007

24　王建国等．中国牡丹：名品及文化艺术鉴赏[M]．北京：中国林业出版社，2001

25　王康，邰艳红，张佐双．植物园的四季[M]．北京：化学工业出版社，2007

26　徐晔春．观赏花卉②木本[M]．北京：中国林业出版社，2007

27　晏晓兰．中国梅花栽培与鉴赏[M]．北京：金盾出版社，2002

28　杨先芬．花卉文化与园林观赏[M]．北京：中国农业出版社，2005

29　张天麟．园林树木1200种[M]．北京：中国建筑工业出版社，2005

30　张艳芳．中国梅花大观[M]．郑州：河南科学技术出版社，2003

31　中国科学院植物研究所．新编拉汉英植物名称[M]．北京：航空工业出版社，1996

32　中国牡丹全书编纂委员会．中国牡丹全书（上下）[M]．北京：中国科学技术出版社，2002

33　Jin-Yong Chen, Zuo-Shuang Zhang, De-Yuan Xiong. Two New Combinations in *Syringa* (Oleaceae) and Lectotypification of *S. sweginzowii*[J]. Novon, 2008, 18(3)：315～318

34　Jin-Yong Chen. A Taxonomic Revision of *Syringa* L. (Oleaceae). Cathaya, 2008, 17～18：1～170

35　Jin-Yong Chen, Zuo-Shuang Zhang, De-Yuan Xiong. A Taxonomic Revision of *Syringa pubescens* Complex (Oleaceae)[J]. Annals of the Missouri Botanical Garden, 2009, 96(2)：237～250

北京植物园游览区导游图
Guide Map of Beijing Botanical Garden

植物园入口
ENTRANCE

售票处
TICKETS

游览车
COURTESY / RENTAL CART

停车场
PARKING

宾馆
ACCOMMODATION

公用电话
TELEPHONE

派出所
POLICE STATION

小卖部
GIFT SHOP

茶室
TEAHOUSE

餐厅
RESTAURANT

收费
CHARGE

厕所
TOILET

东门
East Gate

南门
South Gate

西门
West Gate

西北门
Northwest Gate

东南门
South-East Gate

服务设施
Servicing Areas

① 北京植物园管理处
Beijing Botanical Garden Administration

② 卧佛山庄
Wofo Villa

③ 游客服务中心
Visitor Center

重要景点
Important Scenic Spots

① 展览温室
Conservatory

② 卧佛寺
The Wofo Temple

③ 曹雪芹纪念馆
Cao Xueqin's Memorial

⑥ 科普馆
Education Center

⑩ 盆景园
Penjing Garden

⑰ 梁启超墓
Liang Qichao's Cemetery

⑧ 河墙烟柳
Ancient Aqueduct

⑩ 碉楼
Watch Tower

元宝石
Ingot-shaped Rock

石上松
Cypress on Rock

一二·九纪念亭
December 9th Memorial Pavilion

观赏植物区
Ornamental Plant Collection

⑤ 月季园
Rosa Garden

② 玉簪园
Hosta Garden

③ 紫薇园
Crape Myrtle Garden

⑫ 绚秋苑
Autumn Garden

⑫ 芍药园
Herbaceous Peony Garden

⑬ 牡丹园
Tree Peony Garden

⑭ 桃花园
Ornamental Peach Garden

⑮ 丁香园
Lilac Garden

⑱ 树木园
Arboretum

⑲ 海棠栒子园
Crabapple Cotoneaster Garden

木兰园
Magnolia Garden

宿根花卉园
Perennial Garden

集秀园（竹园）
Bamboo Garden

梅园
Mei Flower Garden

樱桃沟
Cherry Valley